物理太有趣了

生活中的物理

郭炎军◎著　梁红卫◎绘

天地出版社 | TIANDI PRESS

前 言

世界那么大，用物理去看看吧

亲爱的小读者，你一定是带着许多的问题，才来翻开这套书。这些问题，源于你对这个万千世界的好奇。

比如：这个世界如果不是由仙人变出来的，那它是怎么出现的？

我们呼吸的空气到底由什么组成？雨雾云雪到底是如何形成的？

我们抬头仰望的星空，到底离我们有多远？

太阳如何给予万物生长的能量？

气球为什么能飞上天空？

汽车为什么能跑？

....

问题太多，那有没有一些工具，能帮助我们探求到更多的答案，让我们更好地理解这个世界，更友好地与这个世界相处？有，物理就是这些工具中的重要一员。

物理是一门不仅有趣，而且非常有魅力的学科。你亲眼见过、听说过或者闻所未闻却真实存在的种种现象，很多都可以从物理的角度来思考，并用物理定律来解释。物理不仅可以解答我们关于这个世界的大多数疑问，生活中人们还应用它来解决层出不穷的问题。

因此，我特意编写了这套《物理太有趣了》。全套书分为《好玩的物理知识》《有趣的物理实验》

《生活中的物理》三册。每一册各有侧重，但都趣味无穷。

在《好玩的物理知识》里，你将遇到很多有趣的伙伴——物质、能量、声、光、电、磁、热、引力、力与运动。生活中，我们睁开眼睛就能看到的光，我们伸出双手能感觉到的热，我们双耳听到的声音，我们迈开脚步就能感受到的力和运动……这些都只是它们在施展小小神力。循着它们往下看，往下思考，你就能发现更多更具体的物理知识和原理，也就能走近更多真相。

兴趣能打开探索之门，体验会开启收获之锁。在《有趣的物理实验》中，你会接触到很多有趣的物理小实验。你知道声音也能画出美丽的图案吗？你想不想用简单的材料做出生动的立体投影？你想不想在玻璃瓶中做一朵"云"，来揭示云雨形成的奥秘？……只需要利用生活中的常见物品，你就能做各种让你意想不到的实验。你可以边做边玩边学，动手去创造奇妙的物理现象，揭秘其中的物理原理，也可以利用物理知识来探索解决生活中各种问题的方法。

物理贯穿于我们的生活中，与生活相互交融。《生活中的物理》从衣食住用行等日常生活的角度入手，带我们一起发现那些生活中习以为常的现象背后，到底蕴藏什么样的物理原理。你知道雨衣为什么能遮雨吗？高压锅为什么能快速烹饪？运动员为何能在冰上起舞？……除了这些，还有许多你压根没有想过的奇怪问题，比如，如果空调坏了，冰箱能当空调用吗？飞走的氢气球到底能飞多高？人为什么不会从倒悬的过山车上坠落？……这些从生活中各个层面精选的问题，也会加深你对物理概念与原理的理解。

在人类了解自然、征服自然、按自然规律办事的过程中，物理起着至关重要的作用，我们可以借由物理来了解世界万象，体验世界的奥妙。打开这套书，一起探索世界吧！

郭炎军

目录

翻开这一页，
欢迎来到浩瀚
又奇妙的
物理世界！

透视热传递：
棉袄会给人温暖吗？

寒冷的天气，人们总是想尽办法取暖，比如穿上大棉袄、生火炉、烧暖气、用暖宝宝……不过，火炉能让人暖和，暖气可以传递热量，甚至握住别人的手也能感到温暖，这都是因为这些东西是热源。可是棉袄本身并不能发热，那它为什么能带来暖和的感觉呢？

看，太阳升起来了，马上就暖和了。

为什么太阳会给人带来温暖呢？

火焰正向水壶传递热能

热能的传递方式

所有物质都是由微小的运动粒子组成的，使它们运动的能量叫作热能。热能可以从一个粒子流向另一个粒子，比如，放进热咖啡杯里的勺子，热量会慢慢地从咖啡传到勺子。热量还会自发地从高温物体向低温物体传递。热从温度高的物体传到温度低的物体，或者从物体的高温部分传到低温部分，这种现象就叫热传递。我们烧水、做饭、泡茶、冲咖啡，都利用了热传递。

热量很多时候也会通过水或空气的流动来进行。水和空气就像传送带一样，把热量从一个地方输送到另一个地方。比如，我们扇扇子，让空气把热量从身上带走。

各种物质都能传热，但对热的传递效率是不一样的。用不锈钢碗和瓷碗各盛一碗汤，你会发现不锈钢碗的碗壁更烫手。这是因为金属的热传递效率很高。我们把传递热量效率高的材料叫作热的良导体，如金属；把阻碍热量传递的材料叫作热的不良导体，如玻璃、皮革、羊毛、羽毛、毛皮、棉花、石棉等。

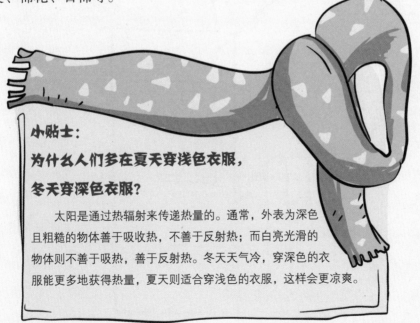

小贴士：

为什么人们多在夏天穿浅色衣服，冬天穿深色衣服？

太阳是通过热辐射来传递热量的。通常，外表为深色且粗糙的物体善于吸收热，不善于反射热；而白亮光滑的物体则不善于吸热，善于反射热。冬天天气冷，穿深色的衣服能更多地获得热量，夏天则适合穿浅色的衣服，这样会更凉爽。

棉袄是热的不良导体，所以是良好的保暖材料

你发现了吗，前面提到的羊毛、羽毛、毛皮、棉花，都是人们用来制作防寒保暖冬服的材料，它们都是热的不良导体。棉袄或者其他冬服都不是热源，那为什么穿上它们会觉得温暖呢？这与它们是热的不良导体有什么关系吗？

其实，真正的热源是我们自己的身体。人体像一个火炉，不断地散发着热量。但是，只要存在温度差，热量就会从高温处向低温处传递。冬天，人体温度高于外界的冷空气温度。棉絮、棉布等都是热的不良导体，它们一方面阻挡了体热向外散失，一方面又将外界的冷气阻挡在外。所以穿着棉袄，身体表面的热量会越积越多，哪怕是在寒冷的户外，也会

金属材质的暖气片可以将热量充分散发到房间中

热到我都要降降温了呢。

004

感觉身体很温暖。如果穿着棉袄跑步或运动，身体甚至会捂出汗来。

棉袄中除了棉布、棉絮有隔热保温作用，棉絮里的空气也立了很大的功劳。论起物体的热传递性能，固体物质最强，液体物质次之，气体物质较弱。松软的新棉絮里包藏着更多的空气，因此它的保温效果更好。有人说，穿三件单衣比穿一件三倍单衣厚的衣服暖和。这可能是因为，穿三件单衣等于还多穿了两件"空气衣服"。

热传递的应用

人们在生活中有着对于热传递的充分理解和应用。

你如果生活在北方，会发现房间里的暖气片都是金属材质的，这有利于将管道中的热水的热量充分地散发到房间里。不过，在房间外面的管道里，无论是暖气管道还是自来水管道，人们都不想热量散失，所以，就要用热传递效率不高的材料，比如用塑料包装来包裹管道。

俗语说："冬天麦盖三层被，来年枕着馒头睡。"这个"被"，指的不是棉被，而是雪。雪花和一切粉末状的物体一样，是不良导热体。有人甚至分别测试了积雪覆盖的土壤和裸露的土壤的温度，发现温度差大概有 10℃。所以，冬天的雪会保持大地的温暖，甚至还能提高来年小麦的产量呢。

在冬天，雪可以保持大地的温度

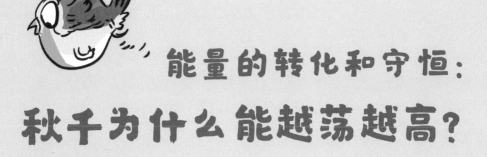

能量的转化和守恒：
秋千为什么能越荡越高？

荡秋千是自古以来人们就喜欢的运动。上古时代，我们的祖先手抓粗壮的蔓生植物，依靠藤条的摇荡，嗖（sōu）地攀上大树摘野果，或者腾地飞身越过沟渠与野兽斗智斗勇。这可以说得上是秋千的雏形。再往后，无论是在墙院深深的皇宫庭院，还是在寻常百姓家，到处都能见到人在红花绿叶中荡着秋千。而我们在电视上或剧场里看到的"空中飞人"的表演，更是将荡秋千演绎得惊心动魄。那么，你知道在没人推动的情况下，秋千为什么能越荡越高吗？

秋千就像一架单摆，能量驱使单摆运动

在介绍荡秋千之前，我们先来说一说能量。自然界的一切物质都具有能量，能量让世界运转起来。光明是能量，运动是能量，人和动植物的身体也储存着能量……能量既不会凭空消灭，也不会凭空产生，它只会从一种形式转化为其他形式，或者从一个物体转移到其他物体，而在转化和转移的过程中，能量的总量不变。这叫作能量守恒。

荡秋千主要受到两种能量的作用。一种是物体由于运动而具有的能量，叫动能。另一种是物体由于被举高而具有的能量，叫重力势能。

秋千的上下摆动类似单摆的运动。当秋千

上摆到最高处的时候，人拥有了最大的重力势能，并在秋千下降的过程中，逐渐转化为动能；而在秋千上升的过程中，动能又变回重力势能。上摆、下荡的过程中，秋千的动能、势能不断转化。整个过程中能量守恒，秋千将做等幅摆动。如果要让秋千越荡越高，就必须借力。在没有人帮忙的情况下，秋千又是怎么做到把自己给"推"起来的呢？

越荡越高的秘诀——蹲立运动

让我们在脑海里慢放一下独自荡秋千的人是怎样运动的。

首先，两手拉住秋千，带着秋千往后退出一段距离，然后快速登上秋千，这时秋千就开始摆荡。如果忽略空气阻力和秋千梁上轴的摩擦力的影响，动能和势能的总量是不变的，所以秋千不可能再荡高了。而由于空气阻力和秋千梁上轴的摩擦力的存在，实际上，秋千摆动的幅度会越来越小。

不过，接下来，荡秋千的人会做出一个非常关键的动作——他会随着秋千的升降做蹲立运动。当秋千荡到最高点时，他的身体是直立的，随着秋千的下降，他会迅速向下蹲；当秋千又开始上升时，他再逐渐站立起来。通过这样的操作，秋千真的越荡越高了。

在这个过程中，能量是如何转移的呢？当秋千升高时，人站起来将重心提高，使人和秋千的重力势能增加；当秋千下降时，人蹲下去将重心降低，减少重力势能却增加动能，使秋千的摆动速度加快，并在最低点时获得更大的速度，从而让秋千荡得更高。

这样循环往复，秋千的总能量越积越多，秋千荡得越来越高。

蹲下时，重心最低，动能最大，速度最快

站立时，重心最高，重力势能最大

能量的转化和守恒

这里是最高点，重力势能最大！

小贴士：没有动力系统，过山车为什么能上下翻飞？

过山车是一项非常刺激的游乐项目。过山车能在轨道上风驰电掣、上下翻飞，靠的却不是动力系统。过山车被一个机械装置推上最高点后，便拥有了非常大的重力势能。随后过山车俯冲而下，越来越低，却越来越快，重力势能逐渐转化为动能。

尽管车轮与轨道之间有摩擦，会损耗一部分能量，但后面轨道的坡度越来越低，只靠着重力势能与动能之间的转化就能完成所有坡度的爬升和俯冲。

能量的形式多样，除了动能、势能等机械能外，还有内能、电能、光能、化学能等。利用这些能量，可以使物体移动。也就是说，我们能将它们转化成机械能。比如：身体器官将食物中的化学能转化成机械能，我们就能做各种动作；行驶的汽车，通过将燃料燃烧产生的化学能转化为燃气的内能，再通过热机做功把内能转化为让车轮转动的机械能；电力机车利用电能转化为机械能，在轨道上高速奔跑……

反过来，机械能也可以转化成电能、内能、光能等。跑步可以使身体变暖，搓手能让双手变暖和，都是机械能转化为内能；手摇发电机使小灯泡发亮，是机械能转化成光能……

你看不到能量，但是，你可以看到能量对周围事物产生的作用，以及能量在不断地转化形式。仔细观察身边的事物，看一看你还能发现哪些能量的转化吧。

化学能转化为机械能

机械能转化为声能

化学能转化为光能

浸润现象：

雨衣为什么可以遮雨？

在雨天，很多小朋友最喜欢做的事就是穿着雨衣、雨鞋冲到大雨中玩耍。因为有了雨衣的庇护，大大的雨点在雨衣上汇聚成一个个小水珠后，又都一骨碌流走了，小朋友身上一点儿也不会湿。这种感觉是不是很不错？雨衣为什么可以防水呢？防水性又与什么有关呢？

雨滴从雨衣表面滚落下去

嘻嘻，有了雨衣，雨水根本进不来！

没有雨伞，身体被雨水完全淋湿了

水不浸润油，想用水洗掉油脂非常困难

使用洗手液等表面活性剂

水就可以把油洗下来了

浸润和不浸润现象

我们身边的物体大部分都由分子构成，分子之间会产生分子间作用力。分子间作用力根据分子间距离不同表现为斥力或引力，这两种力都只有当分子间的距离非常小时才能发挥作用。

液体具有内聚性和附着性，前者是由于同种物质内部的分子间吸引力，后者是由于不同材质之间的分子间吸引力。内聚性使液体能抵抗拉伸，而附着性则使液体可以黏附在其他物体上面。在液体和固体的接触界面，两种物质分子间的距离足够小，故可产生分子间作用力，即附着力。当这种附着力大于液体的内聚力时，液体就会沿固体表面扩展、附着，我们就称液体能浸润固体。反之，当这种附着力小于液体的内聚力时，液体就会向内收缩，与固体分离，我们则称液体不浸润固体。

不知道你有没有过这样的经历，当你满手是油，用水去洗手时，手上并不会沾上水，而你想用水洗去油脂也很难。这是因为水不浸润油脂。而如

为什么雨衣、雨伞可以防水呢？

小贴士："荷叶效应"

　　荷叶的表面布满非常多微小的乳突，它们的直径比最小的水滴还小。由于这种结构特点，雨水落到叶面上后，隔着一层极薄的空气，不能浸润荷叶表面，这才有了荷叶不沾水且能够自动洁尘的奇特现象，这种现象被称为"荷叶效应"。现在，人们还开发了一些仿荷叶的纳米材料和产品，例如，荷叶织物、荷叶防水漆、荷叶防水玻璃等。

果用洗手液等表面活性剂，水就能把油洗下来。为什么呢？这是因为表面活性剂可以改变、破坏油污的表面张力和附着力，使水能够浸润手与油脂，从而起到清洁作用。

踏水无痕的水黾（mǐn）

　　有一种昆虫叫作水黾，它可以在水面爬行而不沉入水中，就跟很多动物在陆地上爬行一样。原来这是因为水黾的足尖有很多细毛，细毛上吸附了大量的水黾身体分泌的油脂，油脂使得足部失去了让水附着的能力（不浸润状态）。当水失去了附着力，水面反而形成一股向上的作用力，支撑水黾足部的负荷，让它自如地在水面上爬行。

　　那么，假设我们在水中加入洗涤剂等表面活性剂，它就会洗去水黾足部的油脂。这样一来，水黾的足部会被水沾湿，被水沾湿的足部

与水之间有很大的吸附力（浸润状态），拖动水面形成凸起面，水的表面张力向下，与吸附力一起构成合力拉住水黾，这时水黾想要在水面爬行，就必须用很大的力量，水黾可能就无法自如地施展它"水上漂"的功夫了。

雨衣的防水性问题

用浸润与不浸润现象也同样可以解释雨衣的防水性问题。

普通的棉布遇水后就会变湿，是因为水透过了棉布中的纤维，这种透水的现象就是浸润现象。而雨水落在雨衣表面则是一种不浸润现象。雨衣和雨伞都是由防水布做成的，比如胶布、油布、塑料薄膜等。不论是哪种材料做成的雨衣，它的特点都是表层材质对水分子的吸引力远小于水分子之间的吸引力。因此，水分子对雨衣布料不浸润，水分子更容易聚在一起形成小水珠，沿着雨衣表面滚下去。同时，制作雨衣的材料还有很多小孔，但因为雨水不浸润雨衣布料，水分子也难以从这些小孔穿过雨衣布料，而这些小孔对空气分子起不到阻止的作用，这就保证了雨衣的透气性。

荷叶的表面有非常多微小的乳突，雨水无法浸润荷叶表面

水的比热容：
海滨为什么总是气候宜人？

炎热的夏季，为什么人们总是想去海滨度假？说到海滨，你会想起什么呢？在轻柔海风的吹拂下，你在柔软的沙滩上玩着沙子，耳边是绵绵的涛声，海面上帆船点点，岸上的贝壳五彩缤纷……海滨总是给人很

那是因为海水的比热容大。

为什么大夏天，在海边也不会热呢？

多的乐趣。不仅如此，海滨的气候宜人，冬天不冷，夏天不热，白天和晚上的温度变化也不大。你知道这是为什么吗？

一切先从比热容说起

要说到海滨气候的问题，我们先来说一个概念——比热容。你知道吗？所有物质在温度升高时要吸收热量，在温度降低时要放出热量，但不同物质吸收或放出热量的能力是不同的。为了比较物质对热量的容纳能力，物理学定义了一个叫"比热容"的物理量。单位质量的某种物质温度升高（或降低）1℃，吸收（或放出）的热量叫作这种物质的比热容。

自然界每种物质都有自己的比热容。比热容越大的物质，在升高或降低相同的温度时，吸收或放出的热量越多。在常见的物质中，水的比热容是最大的，排第二的是酒精，排第三的是煤油。将质量和温度都相同的水和煤油分别装杯，再用两个同样的酒精灯加热，要使水和煤油的温度都升高1℃，加热水的时间要比煤油长。这说明升温相同时，水吸收的热量比煤油多。铁易热易冷，而石头难热难冷，这也是因为石头的比热容大。

海滨的宜人气候得益于水的比热容大

水的比热容大，约是沙的5倍，约是空气的4倍。而海滨的宜人气候，很大程度上得益于水的比热容大。

在炎热的夏季，强烈的阳光照

射在无边无际的海面上，由于海水的比热容大，所以海水把大量的热给吸收了，因此在海滨的人不会感觉到很热。而如果是在冬天的海滨，你会发现即使是狂风呼啸，也不会感到特别冷。原来，在冬天，水的温度要降低，这时就会放出大量的热，而且海水冷得慢，但放出的热量很多，因此哪怕狂风大作，吹到脸上、身上的也是较为温暖的水汽，所以不会让人感觉很冷。

海滨的昼夜温差小，也是这个道理。白天的时候，海水吸热时温度升高缓慢；太阳落山后，海水开始放热，放热时温度也是在缓慢降低。这样一来，海边早晚的温度相差也不会很大，人就会觉得很舒服。正是由于海水的这种调节作用，海滨的气候才温暖宜人，人们才争相前往海滨度假。

而与海滨的气候相反，沙漠的气候温差很大。新疆有句谚语："早穿皮袄午穿纱，晚抱火炉吃西瓜。"这是因为在新疆的沙漠地区，沙子的比热容较小。白天沙子吸收热量后，其温度会迅速升高，异常炎热，人们穿得就非常少；而到了傍晚，沙石放出热量也少，温度会快速下降，变得很低，因此早晚人们不得不穿皮袄、抱火炉。

小贴士：红油火锅为什么会先沸腾？

常吃火锅的人会发现，红油锅一般会比清汤锅先沸腾。这是为什么呢？原来，红油锅是水和油的混合物，而其中的油正是让红油锅先沸腾的大功臣。首先，油比水密度小，会浮在水面上，就像给红油锅加了个锅盖，能减少热量的散失。其次，红油锅中油较多，而油的比热容小于水，升温更快。最后，油的沸点比水高，可以将多余的热量传递给水，加快水的受热速度。这样一来，红油锅升温更快，自然比清汤锅先沸腾。

静悄悄的清汤锅

已经沸腾的红油锅

水的比热容在生活中的应用

因为水的比热容大，所以人们在生活中总是会利用水的这一特性来做很多事。

装有滚烫的开水的杯子浸入水中比放在同温度的空气中冷却得快，所以，以前人们会用井水来冰镇西瓜。马路上来来往往的汽车里有循环流动的水作为冷却液，为发动机降温。为了给城市降温，人们在城市中建立了许多绿化带，因为绿化带常年涵养水源，相当于建立了一个水库，它能使城区夏季温度下降1℃以上。

人们保温取暖也离不开水。在北方，人们往往将热水注入暖气管道作为循环液，水在缓慢的降温过程中，向室内放出了较多的热量。农民伯伯在培育秧苗的时候，会在傍晚时分往秧田里面灌水，到了早上再放出来，给秧苗保温。

压强与沸点的关系：高压锅为什么能快速烹饪？

你也许并不常进厨房，但你一定听说过高压锅的优越性能。高压锅能在短时间内完成烹调，哪怕是平常不易烧熟炖烂的排骨、肉类，用高压锅做起来也是轻而易举。那么高压锅为什么能在短时间内把食物做熟呢？

高压锅的发明

17 世纪 80 年代，法国医生兼物理学家和机械师丹尼斯·帕平由于特殊原因不得不背井离乡。在去往异乡的路途上，他风餐露宿，渴了喝点山泉水，饿了煮点土豆吃。有一天，帕平来到一座山上，他又弄了一些土豆来煮。奇怪的是，水虽然很快烧开了，可是土豆煮了半天还是生的。他再重新将水烧开，煮了几次，土豆还是不熟，这次经历让他始终难以忘怀。他不明白为什么当时水已经沸腾了，可土豆就是煮不熟呢？他反复地寻找线索，查证材料，最后终于找到了关键所在：高山上水的沸点低。

沿着这个思路，帕平进而发现，大气压与水的沸点之间有正比关系：高山上的大气压低，水的沸点也低。随后，他又想到能否制作一个增压容器，来增加压强，提高沸点，从而使食物快熟。就这样，帕平做出了一个密闭锅，在锅盖上钻了一个小孔，在锅盖上加了一个橡皮垫放在与锅体的衔接处。这便是高压锅的雏形。经过不断的改进，几年后，世界上第一只高压锅诞生了，它当时被取名为"帕平锅"。

压强与沸点的"亲密关系"

这下土豆应该熟了吧。

帕平和他发明的高压锅

液态水受热上升到特定温度将开始沸腾,快速向气态(水蒸气)转化。这个温度就是水的沸点。正如帕平所发现的,水的沸点与大气压(压强)的大小成正比。大气压越低,水的沸点越低;大气压越高,水的沸点越高。我们一般说水的沸点是100℃,其实有个隐藏条件,就是大气压为1个标准大气压(约101kPa)。如果低于标准大气压,相应水的沸点也将低于100℃。

帕平在高山上煮不熟土豆,这是因为高山的海拔高,大气压低,相应水的沸点就低。一般来说,海拔高度1500米,沸点95℃;海拔高度2000米,沸点93℃;海拔高度3000米,沸点91℃……帕平煮土豆时,水在没有达到100℃时就开始沸腾了,而水变为水蒸气需要热量,所以此时再怎么加热水温也不会继续上升,土豆就煮不熟了。在高山上做的米饭不好吃,也是因为水在米饭未熟透前便开始蒸发减少,最后形成夹生的饭。

与此相反,高压条件下,水的沸点上升。如在2个标准大气压下,水的沸点升高到约120.2℃。而帕平发明的高压锅正是人为地创造了高压条件。一起往下看一看,高压锅是如何高效地将饭菜做熟的吧!

高压锅的原理

要做熟饭菜，必须加热，使它们吸收足够的热量直到熟透，这就要加热到一定的温度。例如，在普通锅中炖排骨，要先把水烧开，并在100℃下焖煮一段时间。

高压锅的优越性就在于它的压强大、温度高。高压锅采用特制的胶圈密封，可以在加热过程中使锅里的蒸汽不向外泄漏，这样，锅里的蒸汽压强就会不断增大。如果锅中的压强达到设定的大小，水蒸气会将限压阀（fá）顶上去，顶到锅外，保证压强不会继续升高。家用高压锅的蒸汽压强可以达到2个标准大气压，相应的温度最高能够达到120.2℃。这样，用高压锅炖煮排骨，排骨在高压的环境下，短时间之内便可以完全软烂。据说，我们用高压锅做菜蒸饭，可以节省时间1/2到4/5。而在高山高原地区，高压锅能克服那里气压低、水的沸点低、普通锅煮不熟饭的弊端。

值得注意的是，高压锅内部在无水状态下压强不会增大，所以，高压锅只适用于加工需要大量水的蒸煮类菜肴哟。

> **小贴士：**
>
> **高压锅用途广泛**
>
> 高压锅除了可以用于快速烹饪，还可以用于医疗器械、布类及敷料等用品的高压灭菌消毒，哪怕是普通家用高压锅也有这个功效。在造纸工业中，高压锅能很快把木片煮成木浆。高压锅同样被广泛用在食品、罐头等行业中。

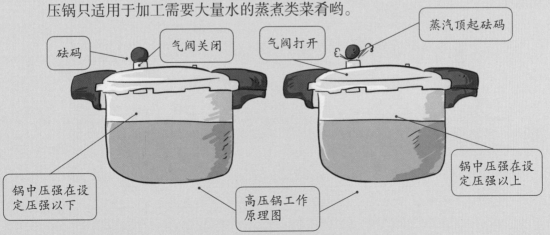

砝码　气阀关闭　气阀打开　蒸汽顶起砝码

锅中压强在设定压强以下　高压锅工作原理图　锅中压强在设定压强以上

揭秘电磁波与辐射：
还在担心 Wi-Fi 辐射？

不知道你是否养成了这种习惯，到了哪里先急着找 Wi-Fi 信号？在生活中，我们已经离不开网络，也离不开 Wi-Fi 提供的便利和舒适。Wi-Fi 的功能这么强大，那么使用 Wi-Fi 到底有没有风险？日常生活中的各类辐（fú）射，到底哪些会致癌（ái）呢？

Wi-Fi 信号就是一种电磁波

有 Wi-Fi，可以随时随地上网

物联网时代，可以联网的智能厨房正在崛起

Wi-Fi 是如何工作的?

在许多人的家里，都会有一个尺寸接近字典的小盒子，叫作无线路由器。Wi-Fi 是一种通过特定频率电磁波进行无线通信的技术。Wi-Fi 就像一把钥匙，有了它，我们的手机、电脑和平板就能打开一扇通向互联网世界的大门，并且通过它来进行互通连接。在我们看不见的四周，Wi-Fi 信号搭载着大量的信息在空中穿行。

作为无线电波，Wi-Fi 信号的穿透力并不算强，它在穿透墙壁等障碍物的过程中一部分信号会被吸收。除了穿墙术，Wi-Fi 还会绕道走。也就是说，在碰到障碍物之后，它也可以通过各种缝隙和通道，绕道过去。相比于直接穿透墙壁，绕着道走虽然距离长点，但是轻松省事、信号损失小。所以，家里很多地方接收到的 Wi-Fi 信号经常就是这么绕道来的。

电磁波的波长越长，绕道行走的能力就越强。广播信号的波长长，是绕道高手，所以它能绕过城市中的高大建筑传播信息。

向外发信号的无线路由器

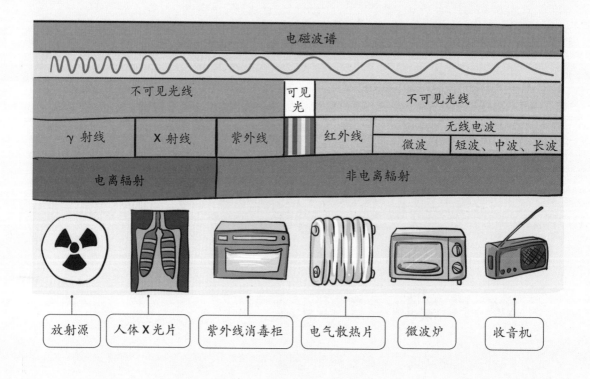

电磁波谱

不可见光线　　　可见光　　不可见光线

γ 射线　　　X 射线　　紫外线　　红外线　　无线电波

微波　　短波、中波、长波

电离辐射　　　　　　　　　　非电离辐射

放射源　　人体 X 光片　　紫外线消毒柜　　电气散热片　　微波炉　　收音机

　　而 Wi-Fi 传输信号采用的是无线电波中的微波，它的波长比广播用的短波还要短很多，绕道能力并不是很强。因此，Wi-Fi 最适合的舞台是近距离的无线通信，它是家庭和一些公共场所中各种设备连接互联网的神器。

电磁波与辐射

　　可见光和 Wi-Fi 信号都属于电磁波，它们都是依靠光子来传播能量和信息的。

　　电磁波的整个波谱可分为可见光和不可见光。可见光在电磁波谱中占据一个小小的波段，包括我们能看到的红橙黄绿蓝靛紫七种色光。电磁波的整个波谱涉及的波长范围非常广，从几微米到上亿米都能找到它的身影。而可见光占据的波段的波长，通常在 390 ~ 760 纳米之间，只占有窄窄的一段，而呈现在人们面前的已经是姹紫嫣红的世界了。

不可见光占据了波谱的绝大部分。不可见光包括比可见光波长要长的无线电波（含长波、中波、短波、微波）、红外线，以及比可见光波长要短的紫外线、X射线、γ射线等。

电磁波所产生的能量就是辐射。电磁波波长越长，频率越低，能量越小；反之波长越短，频率越高，能量越大。因此，无线电波是电磁谱

可见光中包括
七种色光

哇，阳光通过棱镜后折射出七彩的光芒！

中频率最低、能量最小的不可见光；γ 射线是电磁波谱中频率最高、能量最大的不可见光。所以，无线电波，包括 Wi-Fi 利用的短波，是不伤人的；而紫外线、X 射线、γ 射线对所有生物有杀伤性。

其实，人类主要接收来自自然界的天然辐射。阳光是一种天然辐射，只要不过度，适当地接受阳光照射对人体非常有益，可以帮助人体合成许多必需的营养物质。另外，如宇宙射线以及由土壤、岩石、水中的放射性核素铀、钍和钋等放出的射线，也时时刻刻围绕在人的周围。这些天然射线的照射就是天然本底辐射。总的来说，天然本底辐射对人类没有什么危害。

生活中和自然界的辐射

根据电磁波的频率和波长，我们可以把辐射分为电离辐射和非电离辐射。非电离辐射包括紫外线以及可见光、红外线、无线电波等。生活中，我们常见的物品，如电视、电脑屏幕、吹风机、收音机、遥控器、激光笔、Wi-Fi、手机、微波炉、通信基站、雷达等，产生的都是非电离辐射，它们没有足够

能量杀伤细胞或破坏 DNA。尤其是无线电波能量小，使用很安全，因此常被用作联络通信。

电离辐射主要包括 X 射线，β 射线、γ 射线等。我们在医院看病时拍的 X 光和 CT 都属于 X 射线。电离辐射能量高，它们在穿透人体组织的时候，能破坏 DNA，杀伤细胞，造成机体损伤，引发致癌风险。不过，医学检查一次的辐射量较低，对人体的损伤有限，为了身体健康，必要的检查还是要做的。

小贴士：医学检查中的电离辐射

医学检查会产生电离辐射，但每次的辐射量都在安全范围以内。比如，做一次 X 光检查，它的辐射剂量大概相当于人们在地球上生活 10 天所受到的天然辐射的量。做一次乳腺钼靶（mù bǎ），大概相当于人们生活一个月所受到的天然辐射的量。做一次 CT 检查，最高辐射量 10 毫西弗左右，大概是三年的天然辐射的量。只有遭受 100 毫西弗以上的辐射量，人体患癌的概率才会明显增加。

微波的秘密：
微波炉是怎样加热食物的？

微波炉是20世纪非常有用的发明。它只需要你按几个按钮，然后抱着手在一旁等待几分钟，随着"叮"的一声响起，一道热气腾腾的美食便完成了。接下来，你就可以将美食端上餐桌，尽情享用了。微波炉烧饭菜用的不是火，顾名思义，它用的是微波。微波是什么？它是如何让微波炉成为"烹饪之神"的呢？

偶然事件催生"烹饪之神"

微波炉为人们快节奏的生活提供了很大的便利，而它的发明却源自一次偶然事件。

1946 年，美国雷声公司的波西·斯宾塞在与一个微波发射器的接触过程中发现，装在自己口袋里的巧克力糖果被微波烤化了。他受到启发，又将一块面包放在波导喇叭口前，不久，面包变热了。然后，他又拿了一个鸡蛋……经过进一步试验，他得出了结论：这种波能使含水的组织发热。斯宾塞没有停止探索，他又在想那能不能利用微波的这一特性，开发出用于加热和烹饪食物的电器呢？

第二年，斯宾塞和雷声公司推出了第一台家用微波炉。不过，由于成本高、寿命短，微波炉没有得到大范围推广。直到 1965 年，斯宾塞和

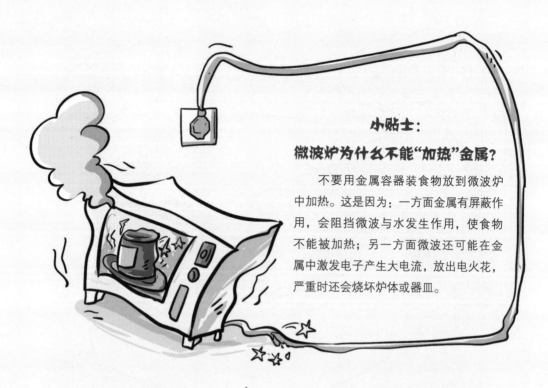

小贴士：

微波炉为什么不能"加热"金属？

　　不要用金属容器装食物放到微波炉中加热。这是因为：一方面金属有屏蔽作用，会阻挡微波与水发生作用，使食物不能被加热；另一方面微波还可能在金属中激发电子产生大电流，放出电火花，严重时还会烧坏炉体或器皿。

乔治·福斯特一起打造了一种耐用且低价的微波炉，微波炉这才大获成功，逐渐地走入了千家万户。

微波的秘密

　　微波和我们所看到的光一样，是一种电磁波。可见光是整个电磁波谱中极小范围的一部分。在这一部分中，按照波长从长到短，给人的颜色感觉依次是红、橙、黄、绿、蓝、靛、紫。在可见光以外，有比可见光波长更短的波（超出紫色区域），包括紫外线和 X 射线等，也有比可见光波长更长的波（超出红色区域），包括红外线、无线电波等。这些都是人眼看不见的。微波的波长范围在 1 毫米 ~ 1 米之间。

　　微波可以使用一种叫磁控管的东西生成。所以，磁控管是微波炉的核心部件。

微波如何烹饪食物?

在传统的烹饪中，要想烹饪食物或煮沸液体，就要先使装食物的锅受热，然后将热量传导到食物中。从微观的角度来说，就是能量通过原子振动或撞击传递到其他原子上，原子获得热能，我们就会感觉到热。这就是热传导的基本原理。

微波加热的原理是极性分子水与微波共振吸收热量。微波作为电磁波，意味着它的电场会快速改变方向，而水分子是由两个带正电的氢原子和一个带负电的氧原子组成的，当微波穿过食物时，两种原子交替地被吸引和排斥，水分子也就来回地"摇滚"。水分子在这每秒几十亿次的正反高速运动中产生热量，当水的整体内能升高后，它就会把内能传递给食物中的其他分子，食物温度就会逐渐升高，直到被煮熟。可以说，所有含水分的食物都可以在微波炉中烹饪。

值得注意的是，袋装和瓶装食物要在开启后放入专门的容器内加热；鸡蛋等有壳或密封的食品必须去掉外壳或包装，或在上面打出洞眼后再放进炉内，否则有可能引起爆炸。

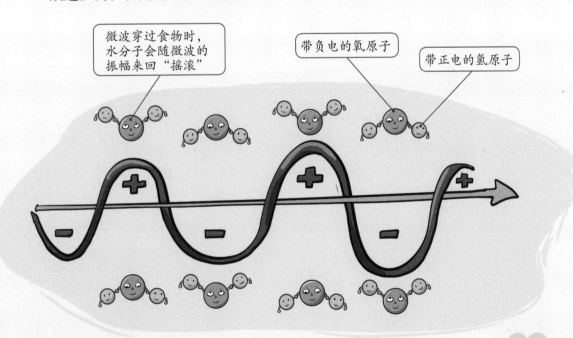

看不见的助手——红外线：
自动门是怎么感应来人的？

　　有的门不用推，不用拉，在你离门还有一定距离的时候，门就迎着你自动打开了。这就是红外自动感应门。生活中我们用的遥控器、体温枪也利用了红外线。还有电影里总看到博物馆或者别墅里用红外探测器来防盗。红外线为什么能起到这些作用呢？你还知道红外线有什么其他作用吗？

红外线

我们已经了解了很多关于电磁波的知识，比如可见光、微波和其他无线电波。人们把波长大于可见光的一段电磁波称为红外线，波长小于可见光的一段电磁波称为紫外线。

根据波长由小到大，能量由高到低，可以把红外线分为近红外线、中红外线和远红外线。红外线，尤其是远红外线，能穿透到原子、分子的间隙，使原子、分子的振动加快、间距拉大，进而产生热量，因此红外线可以用于加热。

任何物体都会辐射出电磁波。高温物体辐射的电磁波能量高，含有大量紫外线；低温物体辐射的电磁波能量很低，基本以红外线为主。红外线的波长覆盖室温下物体所发出的热辐射的波段。不过，不同温度的物体红外线辐射强度不同，所以

呈现出的红外线也有区别。自然界中，由于温度的差异，小动物辐射出的红外线与周围环境辐射的红外线有差别，而蛇利用它独特的热成像视觉系统，不仅能看见人眼看不见的红外线，还能敏锐地分辨出不同红外线的差别，从而捕捉猎物。

红外自动感应门中的红外线

红外线传感器是利用红外线的物理性质来进行测量的传感器。红外线传感器测量时不与被测物体直接接触，体验友好，并且有灵敏度高、反应快等优点。

人体都有恒定的体温，一般在37℃左右，所以会发出特定波长10微米左右的红外线。根据这个特点，人们发明了人体感应器，用于探测人体发射的10微米左右的红外线。它属于被动型红外线传感器。能自动出水的水龙头便应用了这种原理。当手放在水龙头下面，人手发射的红外线被传感器接收，从而触发水龙头出水。

还有一种主动型红外线传感器。比如，很多写字楼都安装的红外自动感应门，它本身配置有感应探头，能发射出一种红外线信号或者微波信号，这种信号被靠近的物体反射或遮挡就会实现自动开闭。这时，人体以外的其他物体也能被检测到。一些先进的电梯门上也配有这类的装置。

物体的温度只要高于绝对零度（–273℃），

小贴士：红外线采暖

红外线有加热作用，所以也可以用它来采暖。辐射采暖时，辐射热直接照射采暖对象，几乎不加热环境中的空气，所以特别迅速，而冷却却较缓慢，特别适用于间歇式采暖的地方，如体育场馆、集体食堂、剧院等。

等等！别关门！

抢在电梯关门时闯入电梯是很危险的哦

带有红外感应装置的电梯

检测到人体后，停止关闭的电梯门

都会一刻不停地向周围发射红外线。人们利用红外线传感器可以探测出热量的来源，从而跟踪、锁定目标；人们还据此制成了红外夜视仪，用来在黑夜里看到周围的景物。红外成像技术在军事、工业、汽车辅助驾驶、医学领域都有广泛的应用，比如用来辅助夜间行军、探测敌方飞机，还可以用来探测材料损伤、辅助诊断疾病等。

红外线的烘干本领大

红外线的烘干本领非常大，它能钻到物体里面加热，这种从内而外的加热方法可以大大缩短烘干时间，还能提高烘干质量。所以，在很多离不开烘干环节的工业生产中，都能见到红外线的身影。

比如在制造汽车时，汽车的外壳喷好漆后需要烘干。以前制造汽车需要准备一个房子大小的烘干炉，然后预热烘干炉，再烘烤外壳，最后又冷却烘干炉，这个过程不仅费时也浪费燃料。而现在用一组特殊的红外灯，就可以把烤漆的任务完成得又快又好。

红外线还可以用来烘烤面包、饼干，用来制作烤鸭也没问题。用它烘烤出的饼干酥脆可口，烤鸭外焦里嫩。

红外线还可以烘烤食物

加速度定律：
玻璃杯有可能不被摔碎吗？

随着"哐（kuāng）当！"一声脆响，玻璃杯摔到地板上，彻底摔碎了！

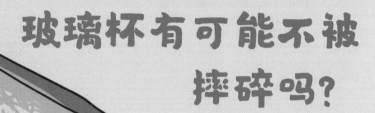

你心里感伤又惋惜。是不是每一个掉落的玻璃杯都会遭遇这样的命运呢？如果玻璃杯掉在厚厚的棉絮上，结局会怎样呢？玻璃杯在掉落并与地面或其他物体发生撞击时，受到了什么样的力，经历了什么过程呢？一起来看看吧。

玻璃碎片的背后

玻璃杯拿在手里的时候，势能最大，动能是零；在向下掉的过程中，势能逐渐减小，动能逐渐增大；当它落到地上的时候，势能全部转化成了动能。如果一个重 200 克的玻璃杯从距离地面 0.8 米的高度往下落，那么杯子与地面发生碰撞时的速度会达到 4 米 / 秒。玻璃的质地很脆，当它又有这么大的落地速度时，地面给它一个相当大的撞击力，脆弱的玻璃杯自然就被撞碎了。不过，如果它掉落时没有那么高，它的落地速度相应会较小，玻璃杯可能不会碎。

再假设一下，如果玻璃杯从 0.8 米的高度掉到沙地或者棉絮上呢？通常我们会解释为，沙地和棉絮有很好的缓冲作用，所以玻璃杯不会被撞碎。如果做进一步的解释，就要用牛顿第二运动定律来分析了。根据牛

顿第二运动定律，物体的加速度的大小跟作用力成正比，跟物体的质量成反比。那么，杯子落地时受到的撞击力大小，跟杯子速度从 4 米 / 秒降到零所用的时间长短有关。时间越短，杯子受到的撞击力越大。

小贴士：

猫为什么总能安全地从高处跳下

猫的平衡能力和运动能力非常好。无论是做好准备从高处跳下，还是不小心从高处摔下，它都能在空中完成姿态调整，并做好使足部先落地的着陆准备。猫的脚爪以及四肢的大部分都可以作用地面，这样就可以使落地时的时间拉长，减小落地时的冲击力。另外，猫的脚爪下有厚厚的肉垫，这也是非常重要的保护措施。

杯子落在水泥地上，速度从 4 米 / 秒降到零所经历的时间大约是千分之几秒，在这一短时间里，杯子受到的撞击力有几百牛，足以使杯子撞得粉碎。而玻璃杯掉在棉絮上，速度从 4 米 / 秒降到零所经历的时间是十分之几秒，十分之几秒虽然也很短，但是比千分之几秒长了 100 倍，因此撞击力也减少为原来的 1/100，杯子受到的撞击力只有几牛，自然就不易碎了。

奇迹中的物理知识

第二次世界大战时，一架袭击德国的英国轰炸机被击中机翼，飞机起火。士兵阿克麦德被迫从 5000 米的高空弃机逃脱。他着地时的速度比高速行驶的火车还快。幸运的是，阿克麦德先是落在了松树枝上，后来又落在了雪地里，弯曲的松枝和厚厚的积雪起到了缓冲作用，阿克麦德只受了轻伤。

在松软的沙坑里跳远，碰撞的时间长，感受到的撞击力小

这个故事中的道理和玻璃杯落地的情况一样。碰在柔软的东西上，柔软的东西有缓冲作用，使碰撞的时间延长，碰撞力就小很多。反过来硬碰硬，碰撞力就大，坠落物就很容易撞坏。说得更准确一点，碰撞力的大小由碰撞时间决定，碰撞的时间延长一倍，碰撞力就会少一半。这也就是飞行员的生命得以保住的原因。体育课上跳远、跳高，总是往松软的沙坑里或者垫子上跳，这样碰撞的时间长一些，感受到的撞击力也小。这是同样的道理。

　　如果两个硬物相撞，尤其是质量大、速度大的物体，那后果就难以想象了。2006 年，一颗陨石拖着浓烟撞在了挪威北部的一座无人山腰上。据专家说，这枚陨石可能是有历史记载以来撞中挪威的最大一颗，而它撞击所产生的能量如同一颗原子弹爆炸。

如何包装易碎物品？

　　生活中，我们经常会收到快递。打开快递包裹会发现，商家很用心地用防撞气泡袋或者塑料泡沫、瓦楞纸、木屑、纸团包裹在物品周围，作为衬垫。目的就是一旦发生震动或者撞击，可以防止物品被震碎。为什么这样的包装能起到缓冲作用呢？

　　因为放置衬垫材料，可以增大易碎物品之间互相接触的面积；柔软的衬垫材料还可以让撞击的时间延长，这样碰撞力就可以大大减小。

　　汽车都有钢制的防撞梁，现在还有一些车型采用了在钢制的防撞梁前再增加泡沫防撞梁的设计。原来，钢制防撞梁本身就有很强的弹性，而泡沫防撞梁更加轻量化，保护的面积更大，也有很大的缓冲作用，二者相辅相成能大大减小撞击带来的冲击力，进一步减轻撞击损伤。

无形的"精灵"对流：
为什么紧闭着门窗还觉得有风？

你有没有碰到过这种情形：坐在门窗紧闭的房间里，还是会觉得不时地有风吹过来。站起来走到窗前，仔细察看窗户和墙壁，也并没有发

帆船行驶也少不了对流的帮忙

现透风的缝隙，那么这些风是从哪里吹过来的呢？你有没有听说过对流呢？它不仅形成了在屋里看不见的风，也是生活和大自然中的魔法"精灵"。无论是在高山还是在大海，处处都有它的踪影。

无形的"精灵"对流

对流发生在气体或液体等流动的物体之中。被加热了的气体或液体，体积膨胀，密度变小，质量变轻，就会浮起来；而冷的部分密度大，比较沉，就会下降。所以，你会注意到开锅后热气向上流动，而打开冰箱门冷空气会向下流向脚面。而在一个环境中，较热的部分上升，较冷的部分下降并会补充到热空气的下方，这样，冷热部分循环流动，互相掺和，最终使温度趋于均匀，这就是对流现象。对流是流体的主要传热方式。

对流可分为自然对流和强迫对流两种。自然对流往往自然发生，是由于浓度差或者温度差引起密度变化而产生的对流。强迫对流是由于外力的推动而产生的对流。加大液体或气体的流动速度，能加快对流传热。

对流无处不在。你感受到的清风拂面是对流，它带走污浊闷热的空气，送来饱满的氧气和不尽的清爽。空气竭尽全力地钻进木柴中，让篝（gōu）火烧得又红又旺的，也是对流。煮汤的时候，在冷热水之间不停地蹿腾着，加快汤水沸腾的，还是对流。放风筝的时候，托着风筝越飞越高、越飞越远的依然是对流……

屋中流动的风

屋子里看不见的风，是空气在对流。空气受热，就会变得比较稀薄，比较轻；相反，空气受冷，就会变得比较密和重。屋内不同部分的空气受热不均，就会使整个屋子的空气发生不停息的对流。

冬天，屋子里的暖气片会不断散热。暖气片周围的空气受热，密度变小，体积膨胀，比较轻的暖空气会向上升到天花板附近，并且沿着天花板流动；靠近窗户或墙壁的空气遇冷，密度变大，会向下沉到地板附近，并且沿着地板向空气密度小的暖气片周围流动，流过来的冷空气又再次受热上升……冷热空气的对流周而复始，循环往复，屋中的风就会悄无声息地刮个不停。

正是有这种冷热对流，暖气、电炉等才能够使整个屋子变得暖和起来。

在暖气片处空气受热膨胀上升

在窗户处空气遇冷收缩下降，形成对流

超温暖的暖气片

地球离不开对流

在大气里也发生着对流。自然界中的许多现象和空气的对流密切相关。由于地球表面的不均匀受热，炎热地区空气受热膨胀、上升，而其他区域的冷空气再补充过来，这种空气的流动就形成了风。此外，还有破坏性的风暴，变化不定的雨雾云雪，惊心动魄的电闪雷鸣等，都是对流形成的。

对流还发生在全世界的大洋中。靠近赤道的低纬度区域，由于长年受到太阳照射，所以海水温度比靠近南北极的高纬度地区高。低纬度地区温度较高的水流向温度较低的高纬度地区，就形成了暖流，而低纬度地区的海水流向低纬度地区则形成寒流。海水的对流把大量的有机物质从海底送到海面上，养育了大量浮游生物，浮游生物又为小鱼小虾提供了食物，小鱼小虾又为更大的鱼提供了食物。所以是对流维持着海洋生物的食物链，使海洋充满了生机。

可以说正是因为有了对流，地球才成为一个生机勃勃的星球。

可怕的风暴也是一种对流

我讨厌对流！

虹吸现象的利用：
抽水马桶的秘密

在物理学中谈到抽水马桶，你会不会嗤（chī）之以鼻？也许抽水马桶难登大雅之堂，但它对人类的贡献却是功不可没。正是有了它，我们的世界才变得更加清洁和文明。对于这项称得上伟大的发明，你了解多少呢？你知道它是如何带来清洁的吗？一起来看看吧。

魔力的虹吸现象

一根充满液体的管道，两头都用手封闭住，然后将曲管一端放进装满了液体的容器中，将另一端放在容器外，并使其低于水面，接下来打开通道，这时，容器内的液体会持续通过管道从较低的一端流出来。这就是虹吸现象。我们把这根管道叫作虹吸管。

虹吸的实质是因为重力和分子间黏聚力而产生的负压现象。

当虹吸管里充满水并放置好后，管子中最高点的液体受到重力作用，就会往较低处的管口（出水口）移动，这样在U形管内部就产生负压，负压会使高处管口（进水口）边的液体被吸

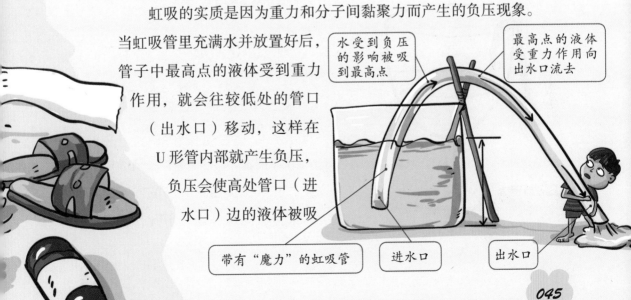

水受到负压的影响被吸到最高点

最高点的液体受重力作用向出水口流去

带有"魔力"的虹吸管

进水口

出水口

利用虹吸现象
可以很轻松地
给鱼缸换水

上最高点，然后源源不断地从出水口流出来。我们还可以这样理解，虹吸现象就好比一根项链搭在高脚杯的杯沿，项链外面的一端更重时，会把里面的项链一直拉出，直到全部掉落在杯子外面。借助虹吸管的虹吸现象可以不需要泵（bèng）而抽吸液体。

虹吸管是人类的一种古老发明。古代，用于农业灌溉可以隔山取水的"渴乌"，西南地区的少数民族用来饮酒的去节弯曲的"长竹管"，用于战争中作为守城必备灭火器的"唧筒"，还有用于计时的"莲花漏"等，都是应用虹吸原理制造的。

虹吸现象在现代生活中也有很多运用，比如给鱼缸换水、汽车给汽车加油、真空泵汲水，以及我们接下来要讲的虹吸式抽水马桶等。

虹吸现象就像搭在高脚杯边上
的项链这样，外面一端更重时，
会把里面的项链一直拉出

虹吸管在马桶中是怎么工作的？

马桶中的虹吸管是有着 S 形弯折的水管。

水充满虹吸管是使虹吸现象发生的关键步骤。在需要冲马桶时，大量清水在几秒钟内涌入了类似于大喇叭的马桶座中，在其水面很快升高的同时，弯管中的水位也同步升高。当弯管中的水位升高到管顶时，依靠自身重力的作用，水就能排挤掉弯管中的空气顺管流下，充满管道。

充满水的弯管，其来水端（马桶座下端）的水位比出水端的水位高，液体的高度差会形成一定的压强差。此时，虹吸现象就发生了。管中的水就会向着压强较小的一侧流动，马桶座中的水从来水端往上越过最高点从弯管出水端流出。虹吸管两端的高度差越大，水流动越快。

当马桶座里的水几乎流光时，空气进入虹吸管，使冲水停止，这时你会听到一种咕噜声。同时，马桶座的底部会留有少量没能冲入弯管的清水，它们起着水封的作用，可以避免下水道中的臭气逸入室内。

哈哈，自由啦！

这是要去往大海吗？

马桶内部巧妙地设计了虹吸管结构

047

公道杯内部隐藏
着虹吸管结构

自然界中的
虹吸现象

小贴士：

神奇的公道杯

公道杯，是明代的能工巧匠造出的一种精巧而特殊的杯子。相传朱元璋曾在大宴群臣的时候，特地拿出贡品"九龙杯"让大臣们使用，并且朱元璋还给几位心腹大臣多斟了一点御酒。可谁知道，杯中倒满酒的大臣发现酒突然没了，而没有倒满的酒依然存在。原来，这九龙杯里面藏有一个虹吸管，向杯子里倒酒时，如果过满，杯中的酒会全部漏掉。朱元璋觉得用九龙杯盛酒十分公道，于是为之取名"公道杯"。

自然界中也有虹吸现象。

在我国湖北省的神农架地区，有一条奇怪的河流，每天日出、日落、中午、深夜各涨潮一次，每次持续约30分钟。涨潮的时候，河水汹涌如万马奔腾，落潮的时候，河床变窄，河水缩成了一泓小溪。后来人们发现，这条河发源于一个幽深的潮泉洞，而这个洞里就藏着一个"虹吸泉"。

虹吸泉也是一种虹吸现象。虹吸泉多出现在石灰岩地貌中。在漫长的时间里，石灰岩不断受到地下水的溶蚀，再加上其他地质因素的变化影响，在内部和表面溶成了一些洞和沟。而这些洞和沟正巧发育成满足虹吸条件的形状，就有了虹吸泉。这时溶洞就成了装液体的容器，溶沟就成了虹吸管，溶沟另一端的小池可以接引流出的液体。当溶洞中的水积至最高部位时，水就不断地往低处流，在小池中冒出泉水，就出现了"涨潮"；当溶洞中的水退落到低于最高部位时，泉水就不再喷涌，并且变得越来越浅，就产生了"落潮"现象……虹吸泉里的水就是这样一会儿涨，一会儿落，循环不息。

在北非沙漠中有一个神出鬼没的"鬼湖"，前一个瞬间还是碧波荡漾、清澈照人，但眨眼的工夫，辽阔的湖面竟然就会消失得无影无踪。"鬼湖"出现的原因还是虹吸作用。在"鬼湖"附近有一个比"鬼湖"地势高的地下空洞，贮（zhù）存着许多地下水，"鬼湖"与地下空洞由地下坑道连接，地下坑道被水充满，便发生虹吸作用，水从地势高的地下空洞里大量流出，注满"鬼湖"。不过，不多久"鬼湖"中的水就会流光，"鬼湖"便消失了。

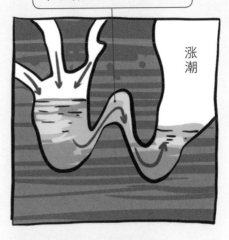

涨潮时，溶洞中的水通过虹吸原理不断流入小池，泉水喷涌

涨潮

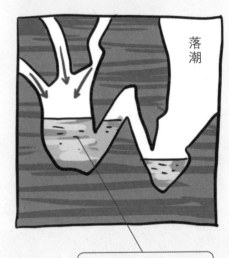

落潮

落潮时，虹吸现象消失，泉水不再喷涌

"神出鬼没"的"鬼湖"

不好！怎么周围的水涨起来了？

导体和绝缘体：
人为什么会触电？

　　我们的生活处处离不开电。电是一位值得依靠但又务必小心接触的朋友。正确用电能为我们的生活带来很多便利。与电不恰当的接触，却可能威胁生命安全。所以，懂得电是什么，人为什么会触电，以及如何用电，才能真正懂得"小心触电"这句警示语的意义哟！

这样站着真的不会触电吗？

别担心，只要咱们双脚站在一根高压线上就行了。

两脚之间没有电位差，无法形成电流的啦。

物理成绩超好的小鸟

电流、导体与绝缘体

在构成物质的最小单位原子中，分布着很多可以移动的电子。我们生活中经常说的"通电""有电流"，指的就是原子中的电子朝一个方向移动。电子自己是不会都朝一个方向移动的，需要得到电压的帮助才行。我们经常见到小鸟站在高压电线上，但它们却能安然无恙。这是由于小鸟总是双脚站在同一根高压线上，两只脚之间不存在电位差（即电压），无法在小鸟体内形成电流。

生活中，我们用电源给导体两端提供电压，电压又推动导体中的自由电荷定向移动形成电流。一个简单的电路有四个主要部分：电源、用电器、开关，以及连接它们的导线。

所有的物质都是由原子组成的，但是，并不是所有的物体都能导电。我们把金属、水、大地等这些容易导电的物体叫作导体；把不容易导电的物体，如橡胶、塑料、玻璃、空气等，叫作绝缘体。导体能够导电，是因为导体中的电荷受到的束缚力很小，它们能够从一个地方移动到另一个地方。绝缘体不能导电，是因为绝缘体中的电荷几乎都被束缚在原子或分子的范围内，不能随意转移。电路中的导线和用电器都是导体。

我们把阻碍电流流动的性质称为电阻。导体和绝缘体都有电阻。绝缘体的电阻非常大，所以电流就很难通过它们。导体也有电阻，电阻的大小可以用来衡量导体对电流阻碍作用的强弱，即导电性能的好坏。电压一定的时候，电阻越大，通过的电流越小；反之，电阻越小，电流越大。

人体为什么会触电？

　　人体为什么会触电？因为人体中约70%都是水分，且人体含有大量电解质，尤其是血液中含有很多铁元素；而人体最外层的皮肤的导电能力虽然不强，但皮肤很薄，且并不总是处于干燥状态，所以人体是导体。如果人的身体碰到带电物体，在一定电压下，电流就可能通过人体与大地构成通路，使通过人体的电流达到一定数值，导致触电。

　　我国规定36伏及以下的电压是安全电压。超过36伏，就有触电死亡的危险。而对于触电危险性较大的潮湿环境，安全电压规定为12伏。我国的民用交流电的电压是220伏，远远超过安全电压，使用时一定要十分注意。生活中电器漏电、湿手拔插头、私拉电线，以及靠近或触碰

零线　　单线触电　　双线触电　　跨步电压触电

火线　　电流通过人体流向大地　　电流从一根电线经人体流到另一根电线　　两脚形成电压差，电流通过人体

到高压带电体、高压输电线，都有可能导致触电。

不同强度的电流造成的影响不同。通常 1 毫安的交流电或 5 毫安的直流电就能让人们感觉到痛和麻；50 毫安的交流电就会使人心室颤动；如果触电时间过长，会直接导致死亡。

注意安全用电

经常有人提醒我们，手湿的时候不要触摸电器。这是因为皮肤沾上水以后，电阻就会比干燥时小得多，相应地，电流的强度却会大大增强，很容易发生触电事故。电器沾到水也和人体一样，电阻减小，电流变强。这样的话，电流就会跑到电器表层来，也就是发生漏电。漏电是很危险的，不仅会让人触电，甚至还会引起火灾。所以在浴室这种潮湿的地方使用电器时，应该格外小心。

我们应该经常检查电线、插座和电器的插头，看看有没有损坏的地方。另外，家里的漏电断路器也需要定期检查。漏电断路器会在漏电流超过预定值时，自动断开电流。我们可以在通电正常时，按下漏电断路器的按钮，如果开关断开，就说明它在正常工作。

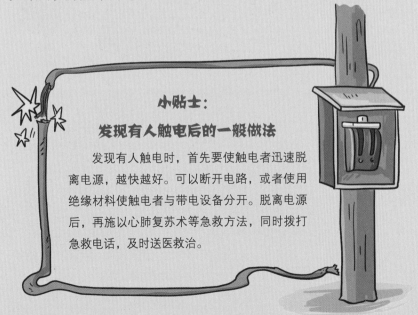

小贴士：
发现有人触电后的一般做法

发现有人触电时，首先要使触电者迅速脱离电源，越快越好。可以断开电路，或者使用绝缘材料使触电者与带电设备分开。脱离电源后，再施以心肺复苏术等急救方法，同时拨打急救电话，及时送医救治。

声音和混响：
为什么浴室里更能唱出"好声音"？

正陶醉在自己的歌声之中

在浴室中声音听起来更有层次感

你有没有过这样的体验：当你在浴室里引吭高歌时，声音竟然无比美妙，好听到你自己都要陶醉了。这是为什么呢？浴室里有什么特别之处吗？

声音和混响

声音，无论是人发出的声音，还是动物发出的声音，或者任何物体发出的声音，都是一种波，叫声波。声波发出后，一部分被吸收，而另一部分遇到障碍物被反射回来形成回声。当空间的特性符合一定的物理条件时，我们可以听到完整的反射音，就好像声音又回来了一样。你对着山谷大喊"你好"，山谷也会回应你"你好"，你听到的回应是自己的回声。回声的速度和原声一样，人耳能分辨的回声必须与原声间隔 0.1 秒以上，即在空气中，障碍物离声源必须大于等于 17 米，人耳才能分辨出回声。

在空间有限的房间里，声波会更快地反射回来。我们把直接从声源发出、首先到达听众耳朵的声音称为直达声；而声源发出的声音经过周围的界面（比如墙壁、天花板等）反射 1 ~ 2 次后到达听众耳朵的声音，被称为早期反射声，比直达声晚到 0.05 秒以内的反射声都属于这个范围。人耳分辨不出早期反射声和直达声的区别，而把它们也当作直达声。

还有一些被称为反射声，它们比直达声晚到 0.05 秒以上。这些声音是室内的声源发声停止后，在室内的声音经过多次反射或散射而形成的多个延迟的声音。它们混合在一起并持续一段时间后，形成了漫无方向、

山峰的回应其实是说话人自己的回声

经过 1 ~ 2 次反射后才到达听众耳朵的早期反射声

直达声从声源处发出首先达到听众耳朵

弥漫整个空间的袅（niǎo）袅余音。这种现象叫作混响，这段时间叫作混响时间。

早期反射声

直达声

混响声

混响由多个声音组成，所以必然会使整体声音的音量增大。而因为每个反射声之间有延迟，所以混响会改变原始声音的音色，并使声音带有了"空间"的感觉。总之，混响能美化声音、改变声音音色，并给声音带来空间层次感。

经过多次反射或散射后的声音混合在一起，形成混响声

混响成就浴室里的歌唱家

在不同的地方唱歌，感受完全不一样。在空旷的操场上放声高歌，大家听到的声音可能也会显得很单薄，没什么力量。

而在浴室里，由于空间狭小，可以反射声波的物体很多，墙壁、瓷砖、

小贴士：立体声音响为什么能播放出立体声？

立体声音响一般携带着两个发声的音箱。当人坐在音箱面前，尤其是人与两个音箱呈三角形排列时，面对音箱，人可以感受到一个与音乐厅类似的立体声场。这是因为立体声音响声源里的声音信号，除了原声，还包括了录音现场的反射声和混响声，这使得声音重放时具有立体感。

天花板，还有花洒喷出的水珠……声波在这些物体之间来回反射，而不会像在开放的空间中那样迅速逃走。随着更多的声波撞到障碍物反射回耳朵，我们很难分清反射声与原声，只会听见声音变得更响，这正是混响。

所以，当你在浴室唱歌的时候，你的歌声会更加丰富、圆润和动听。这样的"好声音"，正是混响的作用。

适合的混响效果

混响的关键是混响时间，它直接影响厅堂音质的效果。混响时间适当，可使语音响亮、饱满而具有感染力，使音乐丰满、动听；混响时间太短，语音和音乐听起来会显得干瘪（biě）、硬邦邦的；混响时间太长，语音听起来会不够清晰、不好辨别，音乐会缺乏节奏感。一般来说，在起居室、教室、会议室等地方，要求短暂的混响时间，以获得足够的清晰度和辨别度；在音乐厅、剧院等地方，则需要相对较长的混响时间，让整体音效更有质感，更温润而深厚。

而混响时间与很多因素有关，比如房间的墙壁、地板、天花板所用材料，以及房间里的陈设。音乐厅墙壁往往采用各种木质材料，声音传到这些墙面后，会被反射到不同的方向或被多次反射、散射，最后被吸收，产生最佳混响效果，整体乐声温润而浑厚，音色也更加出众。

物态变化与热能的转移：
冰箱能当空调用吗？

炎热的夏天，太阳从一大早就开始大耍威风了，空气变成热浪一阵阵往身上扑。如果空调恰巧坏了，那真是苦不堪言。去冰箱拿一罐可乐消消暑吧。一打开冰箱门，一阵清凉就让全身每个毛孔都感到舒爽。你灵光一现：同样是能制冷，那冰箱是不是能当空调用呢？一起来找找答案吧！

拿冰箱当空调吗！赶紧把门关上！

冬季水蒸气遇冷凝
结为霜（凝华）

夏季水蒸气遇冷液
化为露珠（液化）

物态变化与热能的转移

我们所生活的这个千姿百态、色彩斑斓的世界是由微观粒子构成的。构成各种物质的粒子永不停息地做着无规则的热运动，而且由于不同的分子热运动速度不同，就形成了我们常说的物质的三种物态：固态、液态和气态。同一种物质，在不同的条件下，不仅可以形成固态、液态、气态这三种不同的状态，并且还可以在不同状态之间相互转化，转化过程中会伴随吸热和放热的现象。

以水为例，水可以有三种状态：水蒸气（气态）、水（液态）和冰（固态）。水蒸气会液化为水。比如，夏天空气相对较为湿润，当温度逐渐降低后，空气中的水蒸气遇冷液化成水附在植物上，就会形成露珠。水会凝固为冰。比如，寒冬时节，水泼到地上后会马上凝固为冰。水蒸气也会直接凝华为冰。比如，冬季夜间植物散热慢，地表温度低，不利于水蒸气散发，水蒸气凝聚在植物表面就会结冻，变成霜。液化，即气态变为液态；凝固，即液态变为固态；凝华，即气态变为固态；这三个过程都会放热。与液化相反的汽化过程，即液态变为气态；与凝固相反

小贴士：

0℃的水与0℃的冰哪个冷却效果更好？

　　0℃的水和冰，到底谁的冷却效果更好？答案是冰。因为0℃的水在冷却接触物的同时，温度会不断上升。而0℃的冰在冷却接触物的时候，会先将热量用于自身的融化，直至都化为水时温度还是0℃，之后它才会在冷却过程中开始升温。所以，0℃的冰冷却时间更长、降温效果更好。

的熔化过程，即固态变为液态；与凝华相反的升华过程，即固态变为气态，这三个过程都会吸热。

物态变化产生的温度变化

　　从游泳池里出来，会感觉很冷。这是因为体表的水分蒸发时会带走身体热量，从而导致身体变冷。早晨给道路洒水后，中午会觉得凉快也是同样的原理。

　　从微观层面来说，蒸发时，液体内部的离表面近的分子会挣脱分子间的引力逃逸出来，逃逸的分子带有很多动能，留下的分子动能会减小，导致液体温度降低。有了温度差异后，热量就会从周围温度高的地方向温度低的地方传递，使周围高温的地方降温。

　　利用物态变化产生的温度变化，可以对空气进行调节。其中，最常见的应用就是冰箱和空调的制冷。

冰箱可以降温吗？

冰箱中有制冷剂，制冷剂容易在液态和气态间互相转化。制冷剂气体由蒸发器出来进入压缩机，经压缩机压缩后，变成高温高压气体到冷凝器；冷凝器与外界空间换热，使制冷剂气体液化（释放热量），冷凝管里的液化制冷剂通过减压阀，慢慢地进入蒸发器的管里；由于压缩机不断从蒸发器的管里抽走气体，蒸发器管里的压强比较低，液化制冷剂迅速气化，吸收冰箱内食品的热量达到制冷的目的。蒸发器流出的气体流入压缩机继续进行制冷循环。所以，制冷剂在蒸发器、压缩机和冷凝器之间循环，这样，冰箱内部可以保持长时间的低温状态。

那么，打开冰箱门是不是可以起到和空调一样的效果呢？答案是否定的。开着冰箱门的话，确实会有冷气冒出来。但与此同时，为了维持冰箱内部的低温，冰箱的电机会做更多的功，冰箱排出来的热量也会更多，屋内的温度反而会上升。

那么空调原理与此相近，为什么它能降温呢？别忘了，空调是有室外机的。空调排出的热量是直接排到室外的，所以室内温度才会下降。

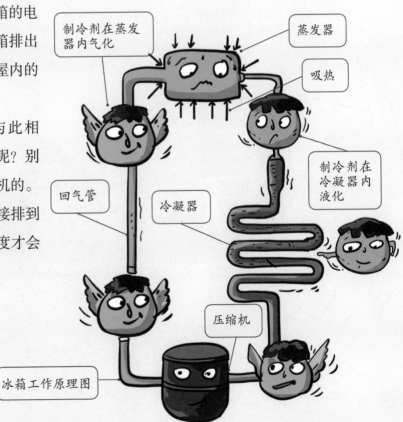

制冷剂在蒸发器内气化

蒸发器

吸热

制冷剂在冷凝器内液化

回气管

冷凝器

压缩机

冰箱工作原理图

弹簧与弹力：
弹簧秤为什么能称重？

用手掰一段铁丝，铁丝就变弯了。想要什么形状，铁丝就能扭成什么形状。但你用手掰弯一段弹簧，放开手后，弹簧又会变回原样。为什么弹簧能够恢复原样呢？弹簧秤又为什么能用来称重呢？

弹力无处不在

我们知道，在外力的作用下，所有物体都会改变自己的形状和（或）运动状态。不过，有些物体在外力撤销后却又会恢复到原来的形状。我

弹性拳击桩

弹力无处不在！

小贴士：

弹簧的主要作用

弹簧的种类多种多样，它在不同的地方起的作用也有所不同。弹簧可以用来控制机械的运动，常见的如汽车离合器中的控制弹簧；弹簧也用于吸收震动和冲击能量，如各种车辆中的减震弹簧；弹簧还可以用于存储和释放能量，如枪栓中的弹簧；而弹簧秤以及测力器中的弹簧，则用于测量力的大小。

们把物体受力弯曲或伸展之后恢复到原来形状的这种属性称为弹性。

弹性是我们不可或缺的好帮手。我们身边有很多物品都利用了弹性，比如发条玩具、弓、橡皮筋、橡胶手套、橡胶鞋底，还有汽车缓冲器、弹簧秤里面的弹簧、羽毛球和网球的拍线等，都是由弹性材料组成的。

有弹性的物体在受到外力作用时，形状很容易改变，在形状改变时它们会产生一个要恢复原来形状的力，这个力叫弹性力，也叫弹力。

因物体的形变有多种多样，所以产生的弹力也有各种不同的形式。将重物放在塑料板上，被压弯的塑料板要恢复原状，产生向上的弹力，这就是它对重物的支持力。将物体挂在弹簧上，物体把弹簧拉长，被拉长的弹簧要恢复原状，产生向上的弹力，这就是它对物体的拉力。

弹簧秤

称好了吗？称好了还给我。

弹簧秤为什么能称重？

使某种物体发生形变的力如果超过一定值，那么即使外力撤销，物体也不能完全恢复原状。这个值就叫该物体的弹性限度。

在弹性限度内，物体的形变越大，弹力也越大；形变消失，弹力就随着消失。对于拉伸形变（或压缩形变）来说，伸长（或缩短）的长度越大，产生的弹力就越大。对于弯曲形变来说，弯曲得越厉害，产生的弹力就越大。

弹簧是一种很常见的利用弹性来工作的机械零件。弹簧的用途非常广泛，自动铅笔和圆珠笔中有它，拉力器、弹簧秤、自行车车闸和鞍座、沙发床和沙发椅上也有它，家用电器和一些大型的机械设备中也能看到各种弹簧的身影。

施加的外力越大，弹簧发生的形变也就越大。现实生活中弹簧都有一定的弹性限度，在弹性限度以内弹力与对应发生的形变满足正比关系。

弹簧秤是利用弹簧的形变与外力成正比的关系制成的测量作用力大小的装置。压力弹簧秤的托盘承受的压力大小等于物体的重量，秤盘指针旋转的角度指示所受压力的数值。拉力弹簧秤的下端和一个钩子连在一起，弹簧承受的拉力等于物体的重量，并通过弹簧的下端连接的指针来指示刻度。

称重时弹簧变形所产生的弹力与被测物的重量（重力）平衡，所以从变形量的大小即可以测得被测物的重量，进而确定其质量。

体育运动中利用的弹力

体育运动中，弹力的使用非常广泛。

撑竿跳高是田径运动项目之一。横杆通常比运动员要高出两三倍，运动员却能轻轻松松地跳过去。其中很重要的因素，就是撑竿跳高应用的撑竿具有较小的密度和较好的弹性。运动员撑竿起跳，然后利用了竿子的支撑力，以及竿子形变后产生的弹力越过横杆。

蹦床运动有"空中芭蕾"之称。运动员从蹦床反弹起来后在空中表演技术动作。蹦床床面由尼龙或其他相近的材料制成，床面的厚度仅为6毫米，却有很强的弹性。

跳板跳水比赛是大家喜爱观看的体育项目。跳水运动员在跳板上起跳，使跳板一头向下弯折变形，运动员利用跳板的弹力腾空、做动作并跳入水中。

射箭运动员将弓拉得越弯，弓对箭向前的弹力就越大。

跳水运动员利用跳板的弹力腾空

弓将箭射出，就是依靠了弓和弦的弹力

生活中的杠杆：
当大力士，用杠杆撬动地球！

"假如给我一个支点，我就能把地球撬动！"古希腊科学家阿基米德说的这句话，你可能耳熟能详。阿基米德想要利用的关键工具就是杠杆。杠杆所具有的力量，就像仙人的法器。阿基米德正是知悉了杠杆的秘密，才敢说自己能"撬动地球"。在生活中，我们利用杠杆不仅能变成大力士，还能用杠杆制作出许多工具来完成复杂的任务。

能把地球撬动的杠杆

杠杆是一种简单机械。常见的杠杆都是一根绕固定支点转动的杆（长木头或棍子）。每一个杠杆都有一个杆臂和一个支点。

杠杆最重要的一个特点是，可以让我们用很小的力抬起很重的物体。当你在木头的一端放上负载物，并把另一端压下去时，你很容易就能抬起这个负载物。

人们从远古时代起就很懂得巧妙地运用杠杆，利用木棍撬起石头。不过，关于杠杆为什么能做到这些，却没人能解释。直到阿基米德运用几何学通过严密的逻辑论证，得出了杠杆原理，即"两个重物平衡时，它们离支点的距离与重量成反比"。把两个重物的平衡，视作一端用力抬起另一端的重力，那么重物一端越靠近支点，另一端抬起它需要的力气就越小。

在这个原理的基础上，阿基米德说出了那句让世人震惊的话：给他一根长度和刚度足够大的杠杆和一个坚固的支点，他就可以利用杠杆原理抬起地球。他的意思是说，只要支点和力点之间的距离足够远，无论物体有多重，人们都可以轻易地把它抬起来。

省力杠杆、费力杠杆、等臂杠杆

生活中，我们最熟悉的杠杆是跷跷板。我们借它来了解杠杆的结构。

杠杆上有重要的三个点：支点、动力点、阻力点。如果你想用力把跷跷板那头的朋友撬起来，你和朋友之间那个板与底座衔接的点，就是支点；朋友坐的地方是阻力点；你在自己坐

开瓶器实际上是一种省力杠杆

支点

阻力点

动力点

的位置发力，你的位置是动力点。由支点到力的作用线的距离叫力臂。与动力对应的力臂叫动力臂，与阻力对应的力臂叫阻力臂。你发现了吗？你和朋友与支点的距离是一样的，这时候动力臂等于阻力臂。

任何杠杆上都有阻力点、动力点和支点，也都能找到动力臂和阻力臂。根据动力臂和阻力臂的大小关系，可以把杠杆分为三类：省力杠杆、费力杠杆、等臂杠杆。

跷跷板、定滑轮、天平、摩天轮、衣架、挂钟等都是等臂杠杆。等臂杠杆用起来既不费力也不省力，也不能多移动距离。

阿基米德用来撬动地球的是省力杠杆。省力杠杆的动力臂很长，目的是省力。没有省力杠杆，你挪动重物，拔出钉子，剪开铁皮，打开酒瓶，刹住车轮，或者剪个指甲，转动方向盘，都会很困难。

费力杠杆延长了阻力臂，它虽然费力但可以延长作用距离。常见的费力杠杆有筷子、扇子、汤勺、起重机、鱼竿、划桨、理发师用的剪刀等。

生活中的杠杆

不仅各种工具和机器中少不了杠杆，人体中也有许多的杠杆在起作

跷跷板实际上是等臂杠杆

动力点

支点

阻力点

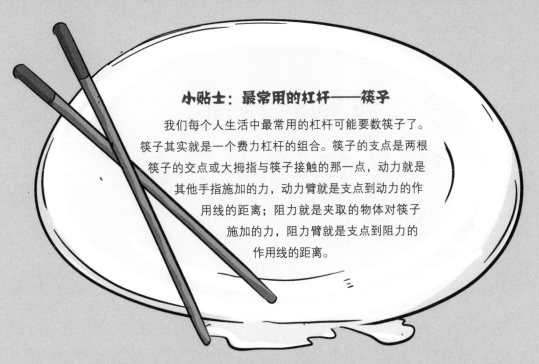

小贴士：最常用的杠杆——筷子

我们每个人生活中最常用的杠杆可能要数筷子了。筷子其实就是一个费力杠杆的组合。筷子的支点是两根筷子的交点或大拇指与筷子接触的那一点，动力就是其他手指施加的力，动力臂就是支点到动力的作用线的距离；阻力就是夹取的物体对筷子施加的力，阻力臂就是支点到阻力的作用线的距离。

用，其中大部分为费力杠杆，也有小部分是等臂和省力杠杆。

在身体上的各大关节上，肌肉能提供作用力的力臂，长度都小于它所带动骨骼（gé）的长度，都属于费力杠杆。比如，你曲肘（zhǒu）把重物举起来的时候，肘关节是支点，肱二头肌只要缩短一点就可以使手移动相当大的距离，当然，付出的代价是肌肉要花费 6 倍以上的力气。虽然费力，但是可以省一定距离。弯腰时，在腰部肌肉和脊骨之间形成的杠杆也是一个费力杠杆。所以，如果你弯腰提起重物的话，要尽量使重物离身体近一些，以避免肌肉被拉伤。

当踮起脚尖时，人以脚尖为支点，小腿肌肉收缩的拉力为动力，而人的重力落在脚尖与脚后跟之间。这是一个省力杠杆，肌肉的拉力比体重要小，而且脚越长越省力。

人体转动头部或者转动腰部，就形成了等臂杠杆。

生活中的杠杆还有很多很多，用你的慧眼去发现吧！

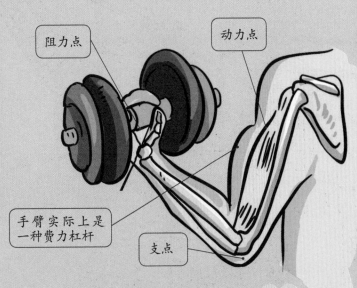

阻力点　　动力点

手臂实际上是一种费力杠杆

支点

滑轮、轮轴和斜面：
它们是机械世界的火枪手！

在我们的身边，有大大小小、各种各样的机械。小到生活中用的针线、剪刀，大到工程车辆，它们使我们的工作变得更加轻松。在这些工具的背后，有六大简单机械。

前面我们介绍了杠杆，接下来说一说另外的五种简单机械：滑轮、轮轴、斜面、螺旋和楔（xiē）子。

定滑轮可以改变力的方向，使吊车提起重物

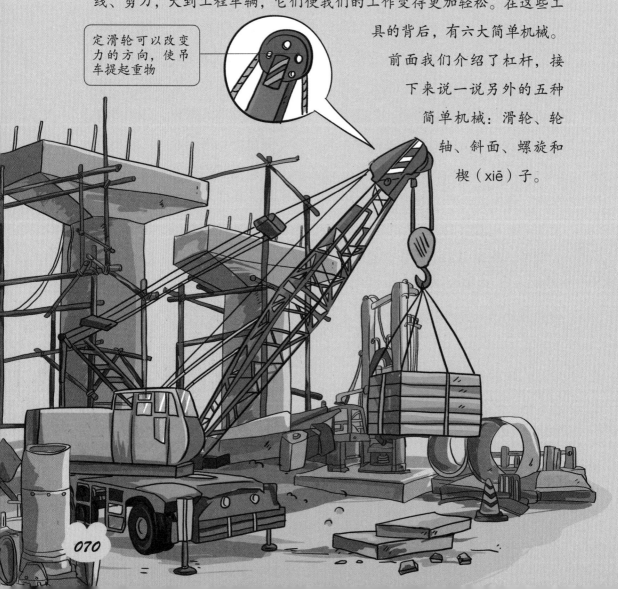

大吊车真有劲——
滑轮的运用

在建筑工地或者港口，我们总能看到吊车的身影。建筑工地上的吊车忙忙碌碌地将大捆的建筑材料吊起放到高处，或者将材料搬运到远处。吊车上很重要的一个结构是滑轮组。滑轮是一个周边有槽、中间有轴，并且能够绕轴转动的轮子。

如果滑轮的轴固定，在槽内穿上一根绳子后，将绳子的一端连接到需要抬起的物体上，绳子的另一端可以自由拉动，这是定滑轮。一个定滑轮可以改变力的方向。我们升国旗时，用的是定滑轮。旗杆上的定滑轮可以把往下拉绳索的力改变为往上拉升国旗的力。如果没有定滑轮，我们就只能把国旗推上旗杆或者拿着国旗爬上去。

如果将滑轮的轴与负载物连在一起，使两者一起运动，这就是动滑轮。一个动滑轮可以省一半的力。所以，我们在抬或者拉重物时，都会求助

旗杆上的滑轮是定滑轮

定滑轮和动滑轮组成的滑轮组

几天不见你的力气这么大了？

一个动滑轮可以省一半的力！

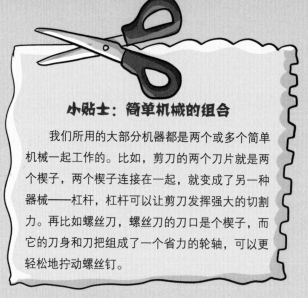

小贴士：简单机械的组合

我们所用的大部分机器都是两个或多个简单机械一起工作的。比如，剪刀的两个刀片就是两个楔子，两个楔子连接在一起，就变成了另一种器械——杠杆，杠杆可以让剪刀发挥强大的切割力。再比如螺丝刀，螺丝刀的刀口是个楔子，而它的刀身和刀把组成了一个省力的轮轴，可以更轻松地拧动螺丝钉。

于动滑轮。吊车、牵引车里面都会使用动滑轮。

考古工作者曾经采用绞车、滑轮等机械装置，将一口重约150千克的"棺材"吊进了一个离水面20多米的悬崖洞中，再现了2000多年前古人吊装悬棺的壮观场面。看来，在古时候人们对滑轮机械的运用已经炉火纯青。

车轮子轱辘转——轮轴的运用

马路上，汽车、自行车、摩托车来来往往，都是靠轮子的转动。由"轮"和"轴"组成的系统，就叫轮轴。轮轴的外环叫轮，内环叫轴，它们是同心圆，可以一同转动。轮轴相当于以轴心为支点，轮和轴的半径为杆的杠杆系统。轮大轴小，因此，当我们转轮的时候，轮轴为省力杠杆，转起来很轻松；当我们转的是轴时，轮轴为费力杠杆，转起来就很费力。

自行车中轴上的脚蹬带动轮盘上的大齿轮，脚蹬半径大于大齿轮半径，是省力轮轴。自行车后轮中间的飞轮（小齿轮）转动，带动后车轮的转动，是费力轮轴。

除了车轮，生活中还有很多地方运用了轮轴。门把手、汽车方向盘、石磨、扳手的发明都是为了省力，因而作用于轮。相反，吊扇、竹蜻蜓、自行车后轮等轮轴，因为作用在轴就费力。

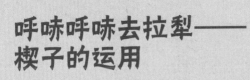

呼哧呼哧去拉犁——楔子的运用

犁可以用来翻土，为播种做准备。犁上面有楔形的刀片，刀片负责挖土、松土和翻土。犁的刀片，斧头的刃，小刀，钉子，这些用于钻孔或挖掘的工具，都是楔子。尖形的船头，火箭的尖端，也是一种楔子。

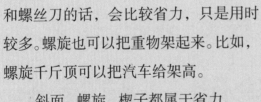

旋转螺丝钉省力不省距离

楔子是上粗下锐的小木橛（jué），用来将物件分开。楔子能将向下的力量转化成对物件水平的力量。比如，你奋力把斧刃砍进木头就会产生强大的动力，把木头向两面劈开。

楔子其实是另一种机械——斜面的变形。斜面是一种倾斜的平板，能够将物体以相对较小的力从低处提升至高处。"Z"字形的登山路径充满了斜面，会更加省力、更加安全。

如果我们把斜面卷起来，就变成了螺旋。螺丝钉上螺旋向上的凹槽，就是螺旋。用锤子钉钉子几下就可以钉好，不过比较费力，而用螺丝钉和螺丝刀的话，会比较省力，只是用时较多。螺旋也可以把重物架起来。比如，螺旋千斤顶可以把汽车给架高。

斜面、螺旋、楔子都属于省力、不省距离的机械。

脚踏板和大齿轮构成省力轮轴

飞轮和车后轮构成费力轮轴

呼，登山走"Z"字形更省力啊！

摩擦力的力量：
轮胎、鞋底和指纹的秘密

你有没有观察过鞋底？曾经有个人对鞋底印象深刻，因为他穿着一双旧球鞋的时候在冰面上滑倒了。他脱下鞋来观察鞋底，发现鞋底的花纹快磨平了。于是再出门时，他换上了一双鞋底花纹深的雪地靴（xuē）。不同的鞋，鞋底的花纹不一样，作用也不一样，花纹深的鞋底会增大摩擦力，所以更加防滑。你发现鞋底花纹的秘密了吗？

摩擦力无处不在

用筷子夹汤圆，汤圆总是夹不住，滑下来。冰雪天在户外走路，冰面很滑，比雪地里更难走。如果你用沾满肥皂沫的手去拿玻璃杯，玻璃杯很可能就从手里滑下去摔碎了。这一切都是摩擦力的戏法。

两个相互接触的物体，当要发生或已经发生相对运动时，它们就会在接触面上产生一种阻碍相对运动的力，这种力就叫摩擦力。汤圆和筷子、鞋底和冰雪的路面、手和玻璃杯之间都有摩擦力在发生作用。

我们平常穿的各种鞋的鞋底，上面都有很多的花纹，花纹形态各异，但它们的作用不是美化鞋子，而是增大鞋底和地面的摩擦力。无论是自行车还是小轿车、卡车，它们的轮胎上都有花纹。轮胎通过其花纹与路面产生很大的摩擦力，成为汽车驱动、制动和转向的动力之源，使人们安全地在路面上行驶。

摩擦力无处不在。人们洗手时利用双手的摩擦把手上的灰尘洗掉；吃东西时牙齿和食物发生摩擦；做大扫除时，用拖把拖地，用抹布擦桌子，都利用了摩擦力……有了足够大的摩擦力，我们才能去做很多的事情。没有摩擦力的话，我们不仅抓不住东西，还可能走不动，坐不稳，穿不上衣服；没有摩擦力，物体无法相互支撑，所有的物体都会滑落、滚动；没有摩擦力，无法用小提琴、二胡演奏出美妙的音乐……

不同车辆的轮胎花纹不同，
适合行驶的路面也不同

表面越粗糙，压力越大，摩擦力越大

摩擦力的大小跟两个因素有关：压力的大小，接触面的粗糙程度。

接触面越粗糙，摩擦力就越大。比如，雪地相对于冰面要粗糙一些，摩擦力就更大。用筷子夹表面有花纹的小笼包就比夹滑溜溜的汤圆顺利。用干燥的手拿玻璃杯显然比用布满泡沫的手拿要稳妥多了。在冰雪天，人们还会在汽车轮胎上绑防滑链，以增加轮胎与冰雪路面的摩擦力。新、旧两辆自行车，在相同的速度下，用近似相同的力捏刹车柄，新车往往

表面太光滑，
摩擦力会很小

快要从筷子上
滑落的汤圆

摇摇欲坠

指纹产生摩擦力，
让人能抓起东西

制动更快，原因就是旧车的刹车块和车胎磨得比较光滑，产生的摩擦力更小。

压力越大，摩擦力就越大。自行车刹车时，闸皮与车圈间的摩擦力，会阻碍车轮的转动。手的用力越大，闸皮对车圈的压力越大，产生的摩擦力也就越大，车轮就转动得越慢。

摩擦力不是越大越好

当然，摩擦力并不是越大越好。有时人们需要很小的摩擦力。大卡车轮胎的花纹相对拖拉机就浅得多，因为大卡车的轮胎不需要太大的摩擦力，否则会影响行驶的速度。在平滑的结冰路面，两匹马就可以拉动装有 70 吨木材的雪橇；人们可以利用冰路，将树木从砍伐的地方运送出去。磁悬浮列车时速可以达到 500 千米，这是因为它利用磁力将火车车轮抬高与铁轨分离，将列车与铁轨之间的摩擦力无限减小。

生活中，人们还会尽量避免摩擦力带来的磨损。比如，人们会在机器的传动带和滑轮之间、机器的各零部件之间添加润滑油，以减少零件的磨损，降低机器的发热程度，这样还可以延长机器的寿命。

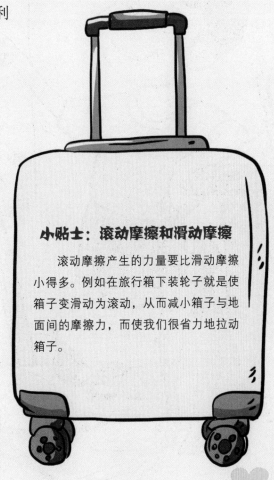

小贴士：滚动摩擦和滑动摩擦

滚动摩擦产生的力量要比滑动摩擦小得多。例如在旅行箱下装轮子就是使箱子变滑动为滚动，从而减小箱子与地面间的摩擦力，而使我们很省力地拉动箱子。

毛细现象：
水彩笔为什么能自动出水？

用钢笔写字，为什么笔胆里面的墨水能够均匀、连续地流出，在纸面上留下干净、流畅的笔迹呢？而用水彩笔画画，颜料是靠什么从塑料管中导出，又从笔头的细棍中流到纸面上呢？这一切都跟毛细现象有关。

毛细现象

　　毛细现象，是液体表面对固体表面的吸引力的表现。毛细管插入浸润液体中，管内液面上升，高于管外的液体平面；毛细管插入不浸润液体中，管内液面下降，低于管外，这就是毛细现象。能够产生明显毛细现象的管叫作毛细管。

　　把一根管径 0.5 毫米的玻璃细管垂直插入水里，管内的水面会比管外高 2 厘米 ~ 3 厘米。而把玻璃细管插入水银中，管内的水银高度则会低于管外的水银高度。这一切都是因为，水相对于玻璃是浸润液体，而水银相对于玻璃是不浸润液体。

白色的花变成了粉色

粉色的颜料水

生活中有很多这种毛细现象。比如，你刚把吸管插入果汁杯中，还没下嘴，吸管中的果汁就已经比杯中的水平面稍稍高出一截，这不是果汁受到召唤，而是毛细现象在起作用。搭在盛着水的水盆边上的毛巾，原本干的一端，很快就变湿了；饼干、吸水纸或砖块等吸水，毛巾吸汗，粉笔吸墨水，也都是因为毛细现象。有些物质的结构非常疏松，中间有许多的空隙，像棉布、木材等物质的纤维里就有许多毛细管，因而毛细现象显著。

自然界中，也有很多的毛细现象。有一个实验，就是将一朵白色的花放入粉色的颜料水中，隔几个小时再看，你会发现花变成粉色了。这是因为水分经由茎内维管束拉动上升，这也是毛细现象最常见的例子。植物茎内的导管就是极细的毛细管，它能够把土壤里的水分吸上来。高大的树木能够将水分从根部输送到顶端，它的动力之一就是毛细现象，水分通过树干内的"水管"即毛细管被运送到树的上端。

钢笔和水彩笔中的毛细现象

钢笔的毛细系统一般是一根很细的像吸管一样的塑料小管，外径 1 毫米左右；另外，笔舌上开了一些细槽，笔尖上还有一条细缝，这些槽和缝也是一条条毛细管，属于毛细系统的一部分。笔胆里的墨水正是通过这些毛细管，源源不断地输送到笔尖上的。如果导墨槽堵塞或毛细管堵塞，就写不出字了；如果毛细管太粗，墨水流量太大，写出的字就会模糊。

而水彩笔的结构有一点不同。在水彩笔的笔管里有一根毛茸茸的笔芯，笔芯下面插着一根笔尖。水彩笔中没有很明显的像钢笔一样的毛细管，但只要仔细观察，你就会发现笔芯和笔尖都是由一根根纤维细细密密地排列组成的，而纤维之间的空隙就是毛细管，它们中间充满了墨水。写字的时候，墨水就会从笔尖的毛细管中渗入纸纤维的空隙里面。笔尖中的墨水流走，笔芯中的墨水就会源源不断地补充过来，直到笔芯中的墨水用完。

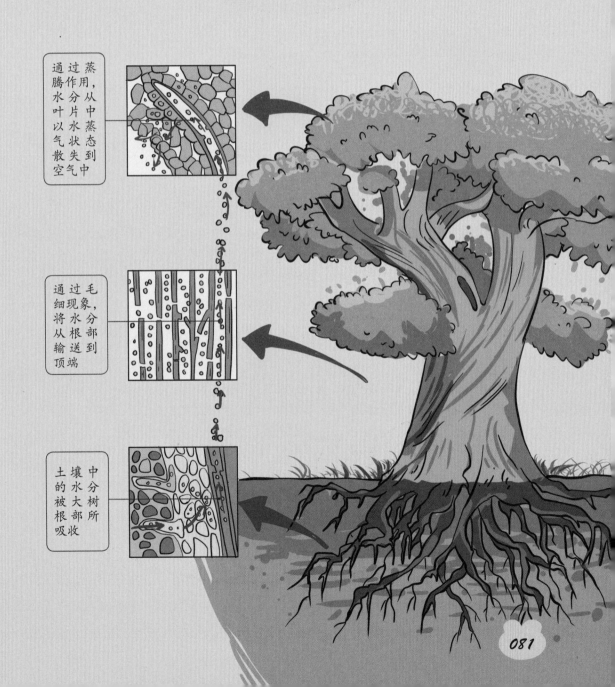

通过蒸腾作用，水分从叶片中以水蒸气状态散失到空气中

通过毛细现象，将水分从根部输送到顶端

土壤中的水分大部分被树根所吸收

水彩笔的笔芯中有很多毛细管

毛细现象的应用

人们对于毛细现象的应用非常普遍。

在日常生活中，我们会把纸巾铺在清洗后的纺织鞋面上，这样可以通过纸巾的毛细结构将鞋面上残留的水分和污渍（zì）转移到纸巾上。夏天时，穿衣服要选择棉、麻等具有天然纤维的材料，因为棉、麻是用有空隙的细纤维织成的，由于毛细作用，汗液可以通过这些空隙跑出去，穿起来更凉爽。

小贴士：含羞泉

在四川省广元市龙门山的东北部，有一股特别的泉水，叫"含羞泉"。只要你把一块小石头往泉水里一扔，泉水就会缓慢地缩回去，过一会儿才又慢慢涌出，就像一位见了生人害羞的姑娘。原来这个地方的地层里有许多缝隙构成的毛细管，当石头扔入泉中发出声音时，声音震动所产生的压力就会阻遏地下水沿毛细管上升，而震动停止后压力消失，地下水又沿毛细管上升涌出来了。

天旱无雨时，农民通过锄地切断地表的土壤间孔隙，破坏土壤中的毛细管，这样可以防止土壤中的水分沿毛细管进一步上升蒸发，从而保存地下的水分，供庄稼吸收。相反，涝灾时，农民则会用滚子压紧地面，形成更多更细的毛细管，以便把地下的水分引上来。

　　工人常利用毛细现象使润滑油通过孔隙进入机器部件去润滑机器。化学家常利用毛细现象来进行薄板层析（薄板色谱分析）。医生会将一个被称为"耳芯"的细长多孔圆柱体插入堵塞的耳道中，利用毛细作用吸收水分，起到扩张耳道的作用。

作用力与反作用力：
人为什么可以走路？
马为什么能拉车？

在平坦的大路上，除了还不会走路的婴儿，我们都能迈开大步向前走。可是你想过吗？人为什么可以走路，或者说人是靠什么走路的？是

在冰面上只要轻轻一滑就可以移动很远

人到底为什么能走路呢？

为什么我走路这么困难？

你们也在学走路吗？

不是只要有力气，抬腿，迈步，就可以往前走了？其实，答案并没有这么简单。

走路中的学问

抬腿，迈步，往前走……真的这么简单吗？那么，请你来试试下面的动作。

身子直立，双脚和身体靠墙站立。除了双脚允许走动外，请一直保持这个姿势。现在，抬起一只脚，试着向前迈步。你成功走动了吗？你会发现，在身体不离开墙的情况下，你那只抬起来的脚是迈不出去的。

接下来，放慢动作再走一次。首先抬起右脚，你注意到了吗？这个时候你抬起的右脚根本无法给出力量，这时候右脚想要落地的话，你的身体必须往前倾。在你的身体慢慢地离开墙面往前倾时，你的左脚蹬住地面，一直用力将你的身体往前推，直到你的重心前移，使你的右脚必须迅速落地以保持平衡。继续迈步，你抬起左脚，这时候右脚使劲蹬住地面，把身体往前送。

所以，我们走路前行，靠的是后脚蹬地面。从物理的角度来分析，走路的过程中，脚蹬地面时人体给了地面一个向后的力，这是作用力；与此同时，地面也给了人体一个向前的力，这是反作用力。这个反作用力表现为摩擦力。

如果这种外力（摩擦力）比较小，走路就会遇到困难。比如，在光滑的冰面上，人们就不敢迈大步，而只能小心翼翼地挪动双脚。

抬腿，迈步，走路就是这么简单。

小贴士：

直升机为什么尾部还有个小螺旋桨？

直升机有旋转翼，正是靠旋转翼旋转时产生的力直升机才能垂直起飞的。不过，在直升机的尾部还有一个小螺旋桨，它的作用是什么呢？原来，旋转翼转动时产生的力（作用力）会让直升机向反方向转动（反作用力），而小螺旋桨的作用便是通过旋转产生和直升机转动方向相反的回旋力，阻止飞机向相反方向转动。

成对出现的作用力和反作用力

甲物体对乙物体有作用力时，乙物体必然也同时对甲物体施以作用力，物理学上把这两个力中的一个叫作作用力，另一个叫作反作用力。

作用力和反作用力不仅会成对出现，而且它们大小相等、方向相反、作用在同一条直线上。生气拍桌子的时候，有没有感觉手掌被震麻了？

如果我们站在小船或冰面上扔球，能明显感觉到一股力量推动小船或人往反方向运动。

相互作用力是非常有用的。有了相互作用力，人才能往前走。人在跑步和跳跃的时候，也要用到作用力和反作用力的规律。你如果想向上跳，就要使劲蹬地，才能得到向上的反作用力。为什么在爬山的时候，总看到有人会使用登山杖呢？这是因为手握登山杖在爬坡时可以提供向上的反作用力，从而减轻腿部肌肉的负担，还可以稳定身体。

火箭发射也利用了作用力和反作用力

自然界中有很多动物善于利用作用力和反作用力。水母前进靠的是头部那柄"透明伞"，伞收缩时，将海水向后迅速挤压出去，海水同时给水母一个反冲力，将水母推向前。喷气式飞机、火箭，它们的飞行也都是利用了这个原理。

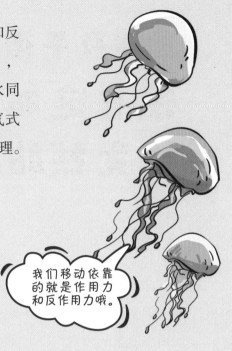

马为什么能拉动车？

马为什么能拉动远超过自身重量的车辆呢？

车能前进是因为车受的两个力不相等：马拉车的力大于地面对车的阻力。那么，马又为什么能前进呢？当马拉车时，车子也以相同的力向后拉马，这是一对作用力与反作用力。既然这两个力大小相等，那马不是应该原地不动吗，为什么反倒能前进呢？原来，这也是因为马受的两个力不相等：马用较大的力向后蹬地时，地对它也就产生了较大的向前推的反作用力，当地对马向前的推力大于车往后拉马的阻力时，马就产生向前的加速度而拉着车前进了。

我们移动依靠的就是作用力和反作用力哦。

当车子的阻力小于地面对马的推力，车辆就被拉动了

作为一匹千里马，我的伯乐在哪里？

呼哧

重心与平衡：
没有这两个操作，你竟然站不起来？

老师进入教室，班长喊道："起立！"同学们齐刷刷地从椅子上站起来。只有两个小朋友，却因为没有进行两个操作，竟然没能站起来。这可能吗？这真的可能！一起来看看这是什么神操作，还有它后面又隐藏着什么道理吧。

这样做真的会站不起来?

从椅子上站起来，这个动作大家几乎都能轻

轻松松、不假思索地完成。可是，
我们现在来做一个简单有趣的实
验，你就会明白，要从椅子上站起
来并不是一件简单的事情。

身体前倾时，从身体重心引下的垂线落在两脚之间

坐下时，从身体重心引下的垂线落在两脚之后

　　现在，请像往常一样打起精神来
坐好！保持上身挺直，不要前倾；让你
的两条小腿与椅子腿保持平行，一定不要
把两只脚移到椅子下面。注意，你依然要保
持上身挺直，也不许改变两脚的位置。"起立！"
听到口令，请你试试站起身来。

　　你一定会觉得很不可思议，因为无论你
怎么动，但只要你上身不向前倾，你的双脚
也不移到椅子下面，你就会像被绑在椅子上一样，无法站起来。

重心与平衡

　　一个物体的各个部分都受到地心引力的作用，
这些力的合力就是物体的重力，这些合力的作用点
就叫物体的重心。重力的作用方向始终垂直向下，
指向地心。要使物体平稳地置于桌面上，就要考虑
它的重心与平衡的问题。

　　从物理学的角度来看，重心的位置
和物体的平衡之间有着密切联系，主要
体现在两个方面：一方面，物体的重心
在竖直方向的投影只有落在物体的
支撑面内或支撑点上，物体才

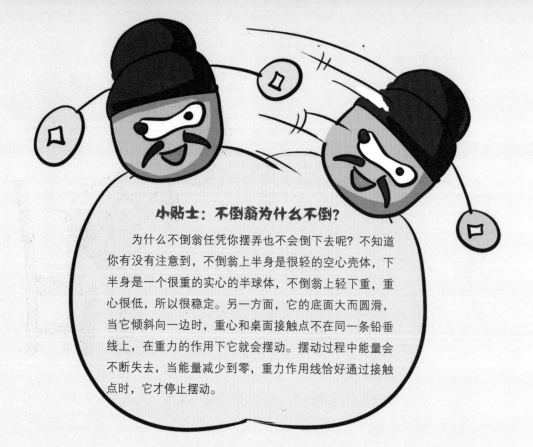

小贴士：不倒翁为什么不倒?

为什么不倒翁任凭你摆弄也不会倒下去呢? 不知道你有没有注意到，不倒翁上半身是很轻的空心壳体，下半身是一个很重的实心的半球体，不倒翁上轻下重，重心很低，所以很稳。另一方面，它的底面大而圆滑，当它倾斜向一边时，重心和桌面接触点不在同一条铅垂线上，在重力的作用下它就会摆动。摆动过程中能量会不断失去，当能量减少到零，重力作用线恰好通过接触点时，它才停止摆动。

比萨斜塔的重心没有超出它的底面，所以就算倾斜也不会倒下

可能保持平衡，比如世界著名的比萨斜塔，之所以能够倾斜不倒，就是因为从重心引垂下来的竖直线没有越出它的底面；另一方面，物体的重心位置越低，物体的稳定程度越高，比如一块砖头横过来放就比竖起来放稳定，因为横放时，它的重心比较低。

人之所以能够站稳，是因为从人的重心引下的竖直线保持在两脚外缘所形成的那个小面积以内，身体受力均衡。

坐在椅子上的人，身体的重心位置是在身体内部靠近脊椎骨的地方，比肚脐（qí）高出大约 20 厘米。试着从这点向下引一条竖直线，这条竖直线一定通过椅座，落在两脚的后面。但是，一个人要能够站起身来，这条竖直线就一定要通过两脚之间的那块面积。

因此，要想站起身来，我们

怎么还没倒，我已经准备了很久了。

一定要把胸部向前倾或者把两脚向后移，目的都是使从重心引下的竖直线能够置于两脚之间的面积之内。我们平常从椅子上站起身来的时候，就是这样做的。而如果你不被允许进行这两个操作，自然就站不起来了。

走钢索的人

人体重心不会改变，但是随着人的运动，重心会移动。要保持平衡，就要掌握好每次运动时的重心。我们平时走走跳跳，坐下、起立，或者摇晃身体，重心都要相应地改变。不过，这些相比于进行惊险的高空走钢丝表演的杂技演员来说，难度就小得多了。

同样是靠双脚走路，但双脚站立在钢索上，因为脚底的接触面太小，从重心引下的竖直线很容易超出这个底面，所以身体很难保持平衡。

走钢索的演员平常要熟练掌握调整重心的技巧，使重心一直在身体能够控制的范围内。此外，他们通常脚穿软底鞋，这样可以增大脚与钢索的接触面积，并且加大与钢索之间的摩擦。他们还会手握一根比较重也比较长的杆。物体的重心越低就越稳定，所以手握较重的长杆可以降低重心位置，提高稳度；另外杆重是为了增大整体的惯性，惯性越大，稳定性就越高，运动员就越容易掌握重心的位置。正是这样，杂技演员才能顺利完成高空走钢索的惊险表演。

失重环境的意义：
从电梯里的失重现象说起

失重状态下，人就像武林高手那样，可以腾空而起，在空中飘浮

飞花摘叶，皆可伤人，吃我一记包子！

拿起一个装满水的杯子，将杯口朝下，水却不会流出来；突然一松手，杯子并没有往下掉，而是稳稳地停在半空中；脚只要轻轻一点，人就会腾空而起，在空中自由地飞来飞去……这些好像只在影视剧里出现的场景，其实在现实的失重状态下也会出现。而且，你一定也有过失重的经历。不相信吗？一起来看看吧。

从电梯里的失重现象说起

乘电梯下楼的时候，你一定有过那种感觉，电梯开始下降的最初几秒钟，就好像突然从陡峭的山崖上掉下来一样，特别不舒服。其实这就是人失去了重量的不自然的感觉，也就是失重的状态。

当物体存在向下的加速度时，它对支持物的压力（或拉力）小于物体所受重力的现象，称为"失重"。这时候物体有质量而不表现重量或重量较小。比如，在物体做自由落体运动的时候，如果你去称它的重量的话是0，即视重为0。

不过，失去重量并不是失去重力。物体垂直做加速度运动时，因为地球的

突然开始急速下降的电梯

这和"跳楼机"的感觉一模一样!

呜哇,失重好可怕!

人体处于失重状态

万有引力并没有改变,所以物体的重力始终存在,大小也没有变化。而物体失去重量,是因为重力变成加速度,而不再变为对支持物的压力了。

在电梯开始下降的最初几秒钟,人体的下落速度不及电梯的速度,电梯的地板就好像瞬间从我们的脚底下落下去,人体无法压迫地板,所以,这时候人体几乎是没有重量的。不过,这种感觉很快就结束了,因为人体像一切自由落下的物体一样,越落越快,立刻追上了匀速运行的电梯,人体又开始压迫地板,同时就恢复了适当的重量。

如果电梯不是匀速运行,而是像自由落体一样越落越快,那么失重的状态会一直存在,电梯中的乘客就会像武侠剧里的侠客一样在电梯的空间里自由行动,可以躺在半空中,也可以倒悬在天花板上。

生活中,不仅是乘坐电梯会有失重现象,游乐园中也有很多项目会让你有充分的失重体验。比如,玩过山车时沿轨道从高处加速冲下,或者玩"跳楼机"时直线下落,又或者玩海盗船时的俯冲。

太空中的失重现象

　　地球上的一切物体都受到地球的万有引力作用，这就是重力。当地球上的物体发生自由落体运动的时候，物体的重力都转变成了物体向下的加速度，物体在短时间内出现失重状态，这个时候重力不体现出来，但它仍然存在，而且大小不变。而当物体逐渐远离地球时，重力的大小会随着高度的增加而迅速减小。在太空中飞行的航天器，它们离地球和其他星球的距离非常远时，其中的人和物对支持物的压力变为零，处于完全失重的状态。

失重是太空环境一个十分重要的特性。在失重状态下，人体和其他物体受到很小的力的作用就能飘浮起来。不仅如此，如果你想把一杯水倒掉，倒出的水会形成一个大的球形水滴，这个水滴还可以分解成若干个小水滴。如果你把食物轻轻地推向嘴的方向，它们会慢慢地飘进你的嘴里。你还会体验到，站着睡觉和躺着睡觉一样舒服，并且还可以随随便便来个"悬空打坐""大力神功"……如果你觉得不敢相信，可以亲眼看一看我国的航天员在"天宫课堂"向我们展示的失重环境下的种种奇景。

失重和宇宙开发

那么人类能够利用失重的条件做些什么吗？目前，科学家正在努力探索，也取得了很多的成绩，也许不久的将来这些事物就会出现在我们的生活中。

在失重条件下，熔化了的金属液滴，经冷却后无须再加工，就可以成为理想的滚珠；在太空的轨道上，将可以制造出几百米长的玻璃纤维，以助力现代光纤通信；还可以制成泡沫金属，比如泡沫钢，用它做机翼又轻又结实；也可以制成地面上不能得到的质地相同均匀的特种合金；另外，在太空中的"悬浮冶炼"，可以获得纯度极高的产品……

在太空失重的条件下可以生产出地面上难以生产的一系列产品，建立空间工厂已经不再是幻想。你也可以提出你的太空实验设想，为宇宙开发贡献力量。

小贴士：

微重力环境

完全失重是一种理想的情况，在实际的航天飞行中，航天器除受引力作用外，不时还会受到一些非引力的外力作用。这种非引力的作用一般都很小，产生的加速度也很小。这种非引力加速度通常只有地面重力加速度的万分之一或更小。为了加以区别，人们就把这种微加速度现象叫作"微重力"。微重力越小，失重越完全。

光的折射：

星星为什么会眨眼睛？

"一闪一闪亮晶晶，满天都是小星星，挂在天上放光明，好像许多小眼睛……"这首许多人从小唱到大的歌，你应该也一样熟悉。就像歌里唱的那样，我们抬起头来看星空会发现星星一闪一闪的，好像在一边眨着眼睛，一边跟我们说话。为什么星星会眨眼睛呢？在浩渺的星空到底发生了什么呢？

从光的折射说起

光在传播时总爱走捷径，当它从一种均匀介质（如水、玻璃、空气等）

进入另一种均匀介质时，由于在两种介质中的传播速度不同，到了分界面上光便会转个弯，沿一条折线跑。光在传播过程中的这种转折现象，叫作光的折射。

把筷子插入盛满水的碗中，筷子在水下的部分好像被往上掰折了。往水里叉鱼，明明看准了鱼才叉过去，但每次总会叉个空，因为鱼实际在更深处。这些都是光的折射捣的鬼。

很多没有经验的游泳者，因为经验不足，而且不清楚光的折射原理，常常会错估了水的深度而遭遇危险。因为光的折射使水里物体的位置看起来都抬高了，这样看过去，池塘、湖水还有蓄水池的底部比真实的深度要浅很多。

星星为什么会眨眼睛？

在晴朗的夜晚，我们看到夜空中的星星一闪一闪的，像是在不断眨眼，这其实也是由光的折射造成的。光线在密度均匀的介质中传播时，光速不变，

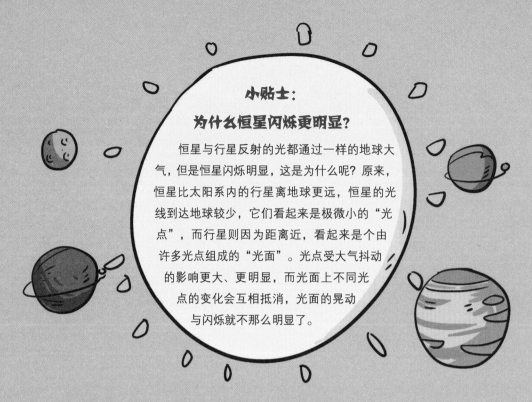

小贴士:

为什么恒星闪烁更明显?

恒星与行星反射的光都通过一样的地球大气,但是恒星闪烁明显,这是为什么呢?原来,恒星比太阳系内的行星离地球更远,恒星的光线到达地球较少,它们看起来是极微小的"光点",而行星则因为距离近,看起来是个由许多光点组成的"光面"。光点受大气抖动的影响更大、更明显,而光面上不同光点的变化会互相抵消,光面的晃动与闪烁就不那么明显了。

以直线前进;但光在不同密度介质间传播时,光线在介质的交界处会发生偏转。

星星的光线在进入我们的眼睛之前,必须穿过地球大气层。我们头顶上的大气层并不是均匀的介质。大气层的各处每时每刻都在发生变化,有时紧密,密度就大些;有时稀疏,密度就小些。这种大气的物理变化叫作大气的抖动。大气的抖动引起了空气折射率的不断变化。在这样的环境下,星光不仅不能沿直线传播,相反,它还会在每个变化的大气交界处发生折射或散射。

我们抬头观察一颗星星时,这一瞬间它的光亮穿过大气层进入眼睛,于是我们看到了它。下一刻,由于大气的抖动,空气折射率发生变化,星光传播的路径便发生了改变,我们站在原来的地方就看不见它的光了,这就形成了一次闪烁。而大气的抖动是时刻不停的,因此,我们一会儿能看见星光,一会儿又看不见星光,这样反复的一明一暗形成了不断的闪烁,让我们感觉星星在不停地"眨眼睛"。

而遇上风比较大,或者温度比较高的情况,

星星眨眼睛会更频繁呢。

如果你在太空中看星星，它们还会眨眼睛吗？答案是不会。因为太空中没有大气抖动，你会看到所有的星星都在稳定地发光。

光的折射的应用

厕所的门窗一般都会装上毛玻璃，或者在普通玻璃上贴上一层膜。这样一来，室内的光线充足而均匀，室外的人也看不到室内。毛玻璃有一面粗糙不平，这个面能使物体射入的光线被无规则地折射出去。玻璃贴膜折射光线也是同样的道理。有的亮度较大的灯泡也被做成磨砂的，这样，折射出去的光线就变得均匀柔和，我们注视灯泡时，由于看不到灯丝，就不至于晃眼。

请你仔细看一看汽车车前灯的玻璃。你会发现它们是横竖条纹状的，这是为什么？原来，这种玻璃的条纹是专门压制出来的，它形成的透镜和棱镜能将光线折射而分散，照亮前进的道路和路边的景物，还能够减小明暗差异，使光线均匀分散出去。而且车灯照出的光还分别向上方、下方以及两侧偏折，以照明道路标志。

车灯玻璃上的条纹使光线可以向四周折射

光的散射:
美不胜收的蓝天与红日是怎么来的?

迎着初升的红日出发,走到广阔的天地中,在蓝天白云下,或者嬉戏玩耍,或者学习工作,最后披着漫天的红霞回家。生活中,你有没有注意到在我们身边有这么美的景致呢?那么,为什么天空是蓝色的,为什么早晚太阳的四周是红色的呢?

光的散射

太阳光是白色光。白色光是由红、橙、黄、绿、蓝、靛、紫色的光混合而成的。光是一种电磁波，它有波长。蓝色光的波长约为 440 ~ 485 纳米，红色光的波长约为 625 ~ 740 纳米。

当光束通过均匀的透明介质时，我们从侧面是看不到光的。但当光束从不均匀的透明介质中通过时，光线就会朝四面八方散射，让我们从各个方向都可以看到光。这种现象称为光的散射。当一束阳光从窗外射到室内时，我们可以从侧面清晰地看到光束，这是因为太阳光被空气中的灰尘散射的缘故。

光在传播过程中碰到的颗粒很小，尤其是颗粒尺度远小于入射光波长的十分之一时，发生的散射称为瑞利散射。空气的主要成分氮气和氧气分子就是这样的颗粒，所以光在空气中很容易发生瑞利散射。

发生瑞利散射时，粒子各方向上的散射光强度是不一样的，该强度与入射光的波长四次方成反比，也就是说波长越短，散射强度越大。蓝色光的散射强度是红色光的 8 倍以上。

是我调色盘的功劳吗？

天空为什么是蓝色的呢？

当阳光被灰尘散射，光就有了形状

天蓝蓝，夕阳红

太阳光射向地球表面时，有的能直接射到地表，有的却不断地走着折线到达地表。这是因为，太阳光射入大气层后，遇到大气分子和悬浮在大气中的颗粒，就会发生散射。空气中的大气分子和微粒本身是不会发光的，它们会吸收光线，然后很快重新释放出来，使光从一点跳到另一点，最后到达地表。根据瑞利散射定律，太阳光谱中的波长较短的紫、靛、蓝等颜色的光最容易发生散射，而波长较长的红、橙、黄等颜色的光则不易散射，具有较强的透射能力。

正午时分，太阳在我们的头顶，当太阳光经过大气层时，光在空气分子间发生比较激烈的瑞利散射。大气离地表越近，密度越高，90%以上的大气在离地面20千米以下。使天空呈现蓝色的散射发生在很低的高度，被散射的蓝光布满了整个天空，从而使天空呈现蓝色。不过，这时候太阳本身及其附近呈现白色或黄色，你看到的这部分光更多的是直射光而不是散射光。

正午时分，阳光中的蓝色光经过散射，布满天空，所以我们看到的天空是蓝色的。

早晨或傍晚，太阳在视线正前方，经过散射，蓝色光大多留在了空中，只有红色光到达地面。

当日落或日出时，太阳几乎在我们视线的正前方，此时太阳光在大气中要走相对很长的路程，你所看到的直射光中的蓝光大部分都被散射，留在了空中，而从太阳到达地面的光多数都是红橙色的光。这就是为什么日落和日出时太阳附近呈现红色，而云也因为反射太阳光而呈现红色，但天空仍然是蓝色的，不过经常是非常昏暗的蓝黑色。1883年，印尼的拉卡塔岛发生了一次火山爆发。大量的火山灰和残骸（hái）弥漫在大气中。这一次事件使得几年内整个北半球的落日都特别绚烂。

海水呈蓝色不是因为散射

我们都说"蔚蓝的大海"，海的颜色也像天空一样，是因为光的散射吗？答案是否定的。无色透明的海水看起来是蓝色的，是由于水分子可以吸收红色系的光线，而剩下蓝色系的光线。

太阳光照射到海面时，一部分光被反射回来，另一部分光折射进入水中。海水基本都是水分子，光几乎无法散射。但水分子对波长较长的红光、橙光和黄光的吸收力强，更深处的海水会吸收绿光。剩下波长较短的蓝光和紫光，经过水中物质（垃圾或浮游生物等）漫反射到达我们的眼睛。而因为人眼对海水反射的紫光不敏感，所以不觉得海水是紫色，而只看到蓝色的海。

小贴士：红绿灯的学问

红、橙、黄、绿、蓝、靛、紫七种色光中，红光的波长最长，且穿透力极强，能穿过雨点、灰尘、雾珠投射到比较远的地方去。因此，将红色光用作停车信号。黄色光虽然较红色光波长短，但也有很强的穿透力，因而被用作缓行信号。采用绿色作为通行信号，是因为红色和绿色的区别最大，易于分辨，其显示距离也较远。

风的力量：

风筝为什么能飞起来？

　　春光明媚、和风吹起的时候，正是放风筝的好时节。许多人都喜欢到郊外或公园去，将五彩缤纷、造型各异的风筝放飞。那么，风筝为什么能飞上蓝天呢？人们利用风的力量还能做什么呢？

风筝为什么能飞起来?

　　用竹签做成框架，再铺上布料或纸张，尾部拖上一条长长的尾巴，最后将整个框架用长线连接起来，一个风筝就做好了。风筝看起来结构简单，不过它的制作和使用都是非常有技术含量的。

风筝本身是一种飞行器。那么它的特殊结构是如何让它飞起来的呢？

风筝依靠风提供的动力起飞、翱翔。我们叫它空气动力。当我们牵着风筝跑的时候，我们会发现，风筝总是倾斜着迎风而飞。原来，风筝能够飞上天的关键就在这里——风筝在牵线的拉力下，需要与风向保持一个适当的角度。

当风筝保持倾斜的角度、被线拉动朝前飞时，风会钻进风筝的下方，这时它提供的空气动力会变成两种力量：一种将风筝往后推，使风筝的速度降低，这是阻力；另一种会把风筝往上拉，防止风筝因为重力往下坠，如果这股向上的力量够大，风筝就会往更高处飞，这是升力。

风筝想要飞起来，除了要有风提供空气动力，还要有线的牵引。提线将风筝拉向我们想去的方向，提线还可以将风筝固定在某一高度。用力拉动风筝的提线，可以改变风筝迎风的角度，风筝的迎风角趋于45°，风筝就会飞高；往外放线，减小牵引力，风筝会飞得更高更远。我们通常在风力大的时候放线，在风力小的时候收线，这样，风筝便会一直平稳地飞在空中。

飞机也是这样飞起来的。只不过，拉动飞机的力是由飞机上的螺旋桨或发动机提供的，而不是提线。螺旋桨或发动机使飞机向前运动，加上空气的作用力，飞机就会向上飞，而不会掉下来。

自然界的驭风高手

在自然界中，有很多植物和动物没有翅膀也能在天空中飞翔。它们利用的也是空气的动力，尤其是风的力量。

很多植物利用风能传播种子，同时也发展出了适应风能的形态特征，比如拥有絮毛、翅状结构，或者具备其他有助于承受风力飞翔的特殊构造。

我们常见的蒲公英，拥有像小雨伞一样的冠毛。据说这种有缝隙的

展开的飞膜可以借用风的力量

会滑翔的鼯鼠

嘿嘿！有了"降落伞"我们可以进行远距离的"旅行"啦！

蒲公英的伞状冠毛拥有非常强的捕风能力

冠毛拥有非常强的捕风能力，能让蒲公英的种子乘着风进行远距离的旅行。还有一些植物的种子带有翅膀，比如鸡爪槭（qì）。鸡爪槭的翅果成熟前呈元宝状，成熟时一左一右两枚种子分开，就成了单一的带有翅膀的种子。种子边旋转边下落，由于空气阻力的作用，能够慢慢地下落，如果这时候有风吹过来，种子就能乘风飞行。

动物界的驭风高手也有很多，比如鼯（wú）鼠和飞鱼。在印度东部、斯里兰卡等地，有一种鼯（wú）鼠，体形跟家猫差不多，它的飞膜展开后，直径有半米多，借助这个飞膜，它可以"飞"出 50 米的距离。

小贴士：飞去来器

　　飞去来器，又叫回旋镖，是原始人类用来猎捕食物的工具。飞去来器的剖面类似于机翼。它被竖直投掷出去后，相对空气运动时会产生一定的升力，回旋镖就会绕着重心快速旋转并做弧线运动。如果飞行前方没有阻挡，它会飞出一个完美的闭合圆形，重新飞回你的身边。

原来飞去来器里也有这么大学问。

风能利用的主要方式

　　人类对于风的利用方式更为多样，比如用风来驱动机器。使用风力让机器运转起来的能量，叫作风能。风能的利用主要是以风能作动力和用风发电两种形式。

　　在很多风力资源丰富的国家，科学家还利用风力发动机来提水、铡（zhá）草、磨面和加工饲料等。比如，利用风推动风车的翼板，再带动滚筒碾（niǎn）碎玉米。还有，人们借助风来推动船帆，让帆船在江河湖海中航行。

　　把风的动能转变成机械能，再把机械能转化为电能，这就是风力发电。依据风车技术，微风就可以开始发电。风力发电不需要使用燃料，也不会产生辐射或空气污染，所以风力发电正在世界上形成一股热潮。

用风的动能来发电，是风能的一种利用方式

光的偏振的应用：
狮子为什么能从银幕中冲出来？

　　一头狮子在草原上奔跑，追逐一头羚羊。羚羊拼命逃窜，狮子越跑越猛。突然镜头一转，狮子凌空一跃，似乎是朝着羚羊猛扑过去，但更像是跃向我们的头顶，向我们直直地压下来……这是立体电影中的一幕，是不是让你觉得身临其境般惊险？

　　为什么它能制造出这样真实的情境呢？

好像就在眼前，能摸到一样！

立体电影的效果好真实啊！

吼～

影院的立体电影影像

110

偏振光

19世纪初的一天，法国科学家马吕斯偶然拿起一块冰晶石，他一边转动冰晶石，一边看它折射在玻璃窗上的太阳光。他发现随着冰晶石的转动，太阳光也忽明忽暗。这一现象被马吕斯称为光的偏振现象，经冰晶石透射出的光就叫作偏振光。

太阳发出的自然光会向着各个方向振动。而偏振光是指只会向一个方向振动的光。获得偏振光的方法有很多，比如利用冰晶石这样的晶体折射。人们还常常利用偏振片来获得偏振光。偏振片只允许沿一个方向振动的光通过，滤去与该方向垂直的光，从而将自然光变为偏振光，不过这样一来光的强度也就减半了。

同样的两块偏振片叠放在一起，它们允许透过的光的方向相互垂直，就没有光能透过；它们允许透过的光的方向平行，光的强度就不会有很明显的衰减。

为什么摘下眼镜立体效果就消失了？

111

偏振光的应用

摄影镜头前的偏振镜、偏光太阳镜、LCD液晶屏、汽车的前车灯和前风挡玻璃中，都用到了偏振光的性质。

在拍摄表面光滑的物体，如玻璃器皿、水面、打磨过的木质表面、塑料表面等时，自然光在光滑表面反射，常常会出现耀斑或反光（都是偏振光）。如果在摄影镜头前加上偏振镜，然后旋转偏振镜片，使偏振镜的透振方向与反射光的透振方向垂直，就可以减弱反射光，使拍出的影像更加清晰。

人们佩戴的偏光太阳镜能有效地排除和滤除光束中的散射光线，从而减弱强光、杂光对眼睛的刺激，使视野清晰自然。

汽车车灯常常使用偏振玻璃，以确保车灯发出的光是偏振光，同时在车窗上使用与之垂直的偏振玻璃，这样司机不仅可以防止对方汽车强光的刺激，也能看清自己车灯所照亮的物体，使行车更为安全。

视线中的正常光线能顺利通过太阳镜

各方向来的杂乱光线将会被偏光太阳镜反射出去

立体电影是如何做出来的？

人的两眼距离约为 6 厘米，用两只眼睛看任何东西，两眼的角度都不会相同。把一本厚书立在你的眼前，每次只用一只眼睛看，你会发现，只用右眼看时，会对右边多看见一点，而只用左眼看时，会对左边多看见一点。虽然两眼观察到的图像差距很小，但大脑会利用这细微的差距，形成远近的深度感，从而在大脑中形成完整的有立体感的物像。所以，我们用双眼看到的是一个立体世界。

立体电影也是这样形成立体视觉的。立体电影在拍摄和放映时都有一套特制的双镜头设备，两个镜头仿照人眼的距离并排放置，同时拍成左右两部稍有差异的影片，然后同时在同一块屏幕上放映。

而要创造出立体电影，还要借助光的偏振。人们在电影放映机的两个镜头前分别装置两个偏振轴互成 90° 的偏振镜，左右眼两路图像经过偏振镜后变成了两路偏振方向不同的线偏振光，再经过金属反射幕的反射（反射时偏振方向不会改变），形成双影。当观众戴上特制的偏光眼镜时，每只眼睛只能看到与偏光镜片的偏振轴相一致的线偏振光，也就是说左眼看到的是从左视角拍摄的画面、右眼看到的是从右视角拍摄的画面。最终，视网膜上叠加了左、右像，大脑解析出三维立体的视觉效果，观众从影像中获得了身临其境的立体感。

两部摄影机拍摄的画面

两路偏振方向不同的线偏振光

每个镜片只能看到与自己偏振方向相同的线偏振光

114

圆周运动和向心力：
为什么人不会从倒悬的过山车上坠落？

在游乐场里，最惊险刺激又让人流连忘返的游戏就数乘坐过山车了。乘坐飞车突然冲向顶端，并且倒吊过来时，你常常会吓得魂飞魄散吧？不过，没等思考，你又冲到低点，并再次冲向最高点，而在你来不及停止尖叫时，飞车戛然而止。事后回味时你可能会想：为什么人不会从倒悬的过山车上坠落呢？人们是依靠什么规律设计过山车，并保证它的安全性呢？一起来解疑吧。

向心力和离心力

在电影、电视里常常能看到这样的镜头，摩托车骑手躬（gōng）着身英姿飒（sà）爽地飞驰而来，摩托车在拐弯时几乎要贴近地面，却马上又灵活地立起并扬长而去。为什么摩托会倾向一侧而不摔倒，这是什么原理呢？

在做圆周运动的物体会产生一种想飞离圆心的作用力，叫作离心力。与此同时，还会产生使物体维持圆周运动、抵抗飞离的指向圆心的力，叫作向心力。其实，并不一定是圆周运动，只要是曲线运动都会有向心力和离心力的存在。

摩托赛车手拐弯时倾斜身体是为了拥有更大的向心力

我们来做一个小实验：找一块橡皮，绑在细绳的一端，然后拿住绳子的另一端，将橡皮抡起来。感觉到了吗，你必须紧紧拽住绳子，否则，橡皮就好像要飞出去了。

试着真正放手，橡皮失去拉力，果然飞了出去。

向心力的作用就是使物体运动的线路拐弯。橡皮做圆周运动需要绳子的拉力——向心力。摩托车拐弯也必须要有向心力。骑手倾斜身体时，重力的一部分就会转化为向心力帮他转弯，倾斜的角度越大，需要的向心力就越大；反过来说，如果不倾斜身体，骑手可能就会因为离心力作用而向弯道外侧翻车。

很多力都可以当作向心力，比如，运动物体的重力或与路面的摩擦力，或者弹力和拉力。例如，汽车在转弯时速度过快，会脱离公路向外冲而翻覆，就是由于摩擦力等不能产生足够大的向心力，汽车做远离圆心的运动；如果路面向转弯方向倾斜，即外侧高于内侧，则有可能使汽车的重力分配出更大的向心力而防止翻覆。火车在转弯处，外侧的导轨也会高于内侧的导轨，也是为了加强向心力。

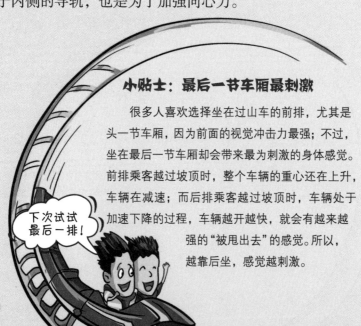

小贴士：最后一节车厢最刺激

很多人喜欢选择坐在过山车的前排，尤其是头一节车厢，因为前面的视觉冲击力最强；不过，坐在最后一节车厢却会带来最为刺激的身体感觉。前排乘客越过坡顶时，整个车辆的重心还在上升，车辆在减速；而后排乘客越过坡顶时，车辆处于加速下降的过程，车辆越开越快，就会有越来越强的"被甩出去"的感觉。所以，越靠后坐，感觉越刺激。

下次试试最后一排！

有惊无险的过山车

过山车本身没有动力来源，除了在爬第一段坡时利用外部的电动机，它大部分运行时间里只靠惯性和重力。而过山车轨道中往往有一个甚至多个"回环"，每次过山车迅速地"冲过"圆环的制高点时，乘客都是头朝下脚朝上，为什么车内的乘客不会掉下来呢？原来，这依靠的还是向心力。

当过山车以合适的速度越过最高点时，人受到的力是向下的重力和过山车座椅给人向下的支持力，这两个力提供了人做圆周运动的向心力，人做了圆周运动而不会做自由落体运动，所以，就不会从过山车上落下来了。

离心力在生活中的运用

在我们的生活中，离心力原理的运用也是十分广泛的，比如我们平时洗衣服用的甩干机。甩桶带着衣服做高速圆周运动，衣服受到了极大的离心力还留在甩桶中，而衣服中的水分因为没有桶壁的支撑（向心力），所以受圆周运动产生的离心力而被甩出去，最后达到了给衣服脱水的效果。还有棉花糖制作机、啤酒离心机等在工作中都利用了离心力的原理。

棉花糖制作机利用了离心力的原理

117

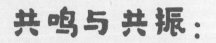

共鸣与共振：
贝壳里为什么能听到大海的声音？

你有试过将贝壳放在耳边吗？从贝壳里你会听到一种美妙的声音，像海水不断拍打的海浪声。为什么会有这样的声音呢？如果没有贝壳，尝试把空的暖水瓶或者保温杯放在耳边，也会听到里面发出嗡嗡的声音。这是为什么呢？

真的听到了海浪的声音！

正在发出嗡嗡声的海螺

海螺里难道藏着一片大海？

共鸣现象

两个相隔比较近、固有频率相同或者接近的物体，只要让其中的一个发声，那么另一个也会跟着发声，并且声音的响度会增大，这种现象就叫作声音的共鸣。共鸣是物体因共振而发声的现象。将家里的空暖水瓶的瓶口紧紧地贴在耳朵上，就会听到嗡嗡的声音，这就是共鸣现象。

我们的周围充满着各种波长的声音，比如四周的风声、电子设备的嗡鸣声、来往的汽车声等，这些声音加起来形成了有着固定频率的杂音——白噪音。由于白噪音无处不在，我们的大脑会选择性地将大部分的声音过滤掉。现在我们将空暖水瓶放在耳边，如果外部的振动或声音的频率与暖水瓶内部固有的频率相同，就会发生共振，共振会把声音放大。

难道真的是鬼神作怪！

不得了，磬又在自己响了！

假如外界声音比较强，经过共鸣就会变得更强。如果声音比较弱，经过共鸣也会得到加强，从听不见的声音变成可以听见的声音。所以，无论什么时候，在空暖瓶口听到的声音总是嗡嗡直响、连绵不绝的。

在古代，人们对于共鸣也有许多的认识。据说唐朝时，洛阳一个寺庙里摆放着一个平时用来配合念经的敲击乐器——磬（qìng）。奇怪的是，它经常没有人敲就自己响起来。僧人们都以为是鬼神作怪，整天过得提心吊胆。后来，有位掌管国家祭祀用乐的官员来了，才破了"案"。原来，这磬的固有频率与寺庙的钟振动的频率相同而发生了共鸣。这位官员只用铁锉在磬上锉磨几处，磬就不再"作怪"了。

小贴士：歌唱时的共鸣

　　许多专业的歌手在唱歌的时候，都会利用共鸣原理。唱歌时，除了利用人们说话时常用的口腔共鸣，喉咽腔、鼻咽腔、头腔、胸腔都参与共鸣。其中，最为常用的是头腔共鸣（高音）、口腔共鸣和胸腔共鸣（中低音）。歌唱发声时，气息冲击声带振动而发出声音，同时引起共鸣腔体产生共振。共鸣时产生的泛音能使声音洪亮饱满、悦耳动听。

贝壳里的海浪声

暖水瓶里能听到嗡嗡声，贝壳里的声音又

是怎么回事呢？原来，这同样是共鸣现象。

我们用贝壳罩住耳朵后会形成一个共振腔，贝壳把耳朵周围的声波收集过来，在贝壳里面产生共鸣，这样我们就能听到环绕在我们周围的杂音，或者说是放大了的周围的杂音。

不过，贝壳跟我们平常扣在耳朵上听的柱状的杯子、瓶子不一样，我们在海边捡到的贝壳形状多样，而形状大小不同的贝壳会放大某些特定频率的声音。比如，我们最常用来听的贝壳海螺，海螺是螺旋腔体，其螺旋的形状会使得声波在共振过程中发生多次谐振，因此更能够产生类似海浪一样具有叠加效果的共鸣声，这样，人们便产生了美好的错觉，以为那是大海的声音。其实，贝壳里的"海洋之声"与大海毫无关系。

乐器的共鸣

很多乐器都有共鸣箱。笛子、箫等管乐，腔筒就是共鸣箱。而很多弦乐器，除了发声部分，也都配有大小、形状以及材料质地不一的共鸣箱。它们都是利用了声音的共鸣来加强原声的。

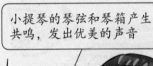

小提琴的琴弦和琴箱产生共鸣，发出优美的声音

拿小提琴来说，琴弦被放在一个共振箱上，当琴弦被拨动，小提琴就会发声，其实这些声音就是琴弦摩擦发出的声音与箱内的空气产生共振而发出的。二胡的琴筒也是一个共鸣箱。当琴弦振动的时候，筒上的琴马、琴皮和筒内的空气柱都跟着振动而发声；同时，琴弦发出的某些频率的振动，又会引起箱内空气柱的共鸣。正因为如此，二胡才可以拉出如泣如诉、美妙悠扬的乐曲。

奇妙的沉与浮：
飞走的氢气球到底能飞多高？

去游乐园或公园游玩，或者逛庙会的时候，总会看到各种各样漂亮的氢气球。一个个氢气球争先恐后地往上飘，如果你一不小心松开了手上的绳子，气球马上就像脱缰的马儿一样朝天上飞去了。氢气球能飞多高？能飞到太空吗？浮力到底有多么神奇呢？

等等，在高空中气球会胀破的！

氢气球为什么能飞得那么高呢？

神奇的浮力

把一块石头扔到水里，石头很快会沉入水底；把一块木头扔进水里，木头却能在水面上漂浮。这是因为石头很重，而木头很轻吗？好像也不对。想一想，用更重的钢铁做成的船或军舰还能浮在水面上呢。其实这一切都可以用阿基米德定律来解释。

阿基米德定律告诉我们，物体所受浮力的大小，等于它所排开的液体的重力。一个浸在液体中的物体，它同时受到了竖直向下的重力和向上的浮力作用。而决定物体在液体中是上浮还是下沉，要看这两个力的大小。往上的浮力更大，物体就会上浮；往下的重力更大，物体就会下沉。

123

用一个弹簧秤钩住一个50克的石块，让石块浸没在盛满水的杯子中，这时候弹簧秤的示数变成了30克。如果你能把从水杯里流出来的水收集并称一称，水将是20克。20克水的重力等于石块受到的浮力的大小。这个力明显小于石块本身的重力，所以石块扔到水里会下沉。

而木块受到的浮力等于木块本身的重力，所以木块会漂在水上。军舰重量虽大，但体积也大，受到的浮力等于本身的重量，因而能在江河湖海中航行。

飞走的氢气球到底能飞多高？

物体在空气中也会受到浮力，但这个浮力比在水中要小得多。这是因为物体所受到的浮力还与物体所在的液体或气体的密度有关，密度越大，物体所受的浮力也越大。空气的浮力比液体小，但是也足够将氢气球、热气球送上天。

物体在气体中的浮力也遵守阿基米德定律。物体所受到的浮力，等于它排开的同体积气体的重力。当物体所受的浮力大于重力时，物体会上升。氢气球里面装的是氢气，氢气是世界上已知的最轻的气体，它的密度只有空气的1/14。所以，同体积的氢气比空气轻，空气的浮力会使氢气球上升。而空气的密度越大，同样的物体，受到的浮力也就越大。气球越向上飞，空气越稀薄，浮力就越小。到了一定的高度，气球的重量正好和浮力相等的时候，气球就不再上升了。

如果碰上气球质量不好的，可能来不及到达"天花板"就会胀破。这是因为高空中的空气越来越稀薄，对气球的压

小石子沉入了水底

木头却浮在水面

124

力越来越小，而气球内部的气压较大，气球会不断地膨胀，最后把自己胀破。

原来如此！真的王冠排出去的水会更少！

阿基米德发现了浮力定律

自由沉浮的热气球

热气球是一种以热空气为动力的飞行器。科学家经常用热气球载着测量仪器去空中预测天气变化。热气球有一个显眼的气囊，气囊下连接着一个篮子。气囊里充满了热空气，这些热空气是由热气球上的喷火器喷出来的。

热气球升空后，可以使用燃烧器来调整上升和下降的高度。打开燃烧器，气囊中的空气受热膨胀，密度变小，热气球变轻而向上升起。关闭燃烧器，气囊中的空气遇冷收缩，密度变大，热气球重力大于浮力时便下降。航空体育爱好者乘热气球飞行，还创造过上升34668米高的纪录。

小贴士：游泳时的浮力

游泳的时候，先什么动作也不要做，深吸一口气然后屏住呼吸，你会发现自己很容易浮在水面上。接下来，把空气吐出来，这时候你的身体要往下沉，你不得不继续吸气，或者手脚开始划水，才能不沉下去。这是因为呼气和吸气改变着你身体的密度，进而使你受到的浮力发生改变。

不可思议的融化：
为什么冰上滑行很容易？

冰上运动拥有强大的魅力，它能给人们带来很多的乐趣。看着赛场上运动员矫健的身姿、迅捷而优雅的动作，你会忍不住惊叹这项运动展现的速度、力量与美感，甚至跃跃欲试。不过，你有没有想过：为什么冰面这么滑？为什么运动员能在冰面上高速滑行呢？

自带润滑剂的冰

冰面为什么这么滑溜溜呢？你可能会脱口而出：因为冰面足够平整呀！可是，想一想吧，不必说专业的室外冰场，哪怕冬天路边一摊积水结成的碎冰碴（chá）子，也会滑到让你一不留神就摔上一跤。

酒店里的大理石地板要比天然冰面平整得多，但只要你稍加小心，就可以在上面自如地行走。不过，假如在大理石地板上泼上水的话，你就要小心了。有水的地面要比干燥的地面滑得多，这是因为水成了润滑剂。

生活中，我们想让物体变滑，就需要在它的表面涂一层润滑剂。润滑剂可以大大减小物体之间的摩擦力。比如，为了不让自行车骑起来太费力，

哎哟！

洒上水的大理石地板相当滑

小心地滑

需要经常给链条上点油。相比起只将表面打磨得平整，使用润滑剂显得更加高效。

那么冰的表面有润滑剂吗？有！科学家发现，在一定温度下，冰的表面会自然存在一层准液体，它是水和微小碎冰的混合物。通常润滑剂不仅要有很好的流动性，还要有一定的弹性和黏度。冰表面的准液体黏度比水大得多，如同油一般，同时也具有接近固态冰的弹性。所以，冰可以说是自带润滑剂的。

而通过研究冰面上的这层准液体的厚度，研究人员发现了冰面摩擦力随温度变化的规律。在低至 –100℃ 左右的温度下，摩擦力非常大，这时候冰的表面非常干燥；当冰温度上升到 –20℃ 左右时，液体层开始出现在冰面之上，薄薄的液体层起到了润滑作用，导致摩擦力变小；然而奇怪的是，当冰面的温度继续升高到 0℃ 左右时，摩擦力会再次增大。

而运动员能在冰面上高速滑行，除了因为一定温度范围内，冰会自带水膜作为润滑剂，还有两个可能的因素：其一，高压使冰融化成水，其二，摩擦生热使冰面融化。这两个因素可能使水膜的润滑效果更好。

向冰面施加压力，冰熔点降低，加速了冰面水膜形成

压强增加，冰的熔点要降低

熔点是指标准大气压时，物体由固态熔化为液态的温度。在标准大气压下，冰的熔点是 0℃。压强变化，熔点也要发生变化。与大多数物质不同，当压强增大时冰的熔点要降低，这样水膜就更容易出现。

人对地面的压力是一定的，穿上冰鞋，冰面的受力面积减小了，它受到的压强会大大地增大。

假如运动员的质量为 50 千克，他穿上冰鞋后对冰面的压强高达十几个标准大气压。一般每增加一个标准大气压，冰的熔点大约降低 0.0075 ℃。这样在冰刀的压力作用下，冰的表面进一步融化，加强了水膜的润滑作用。

摩擦生热，加强水膜的流动性

冰刀在冰面上快速滑过时，摩擦产生的热量会促使冰刀下的冰表面融化，形成一层水。这可能是冰面容易滑行的又一个原因。

摩擦生热形成润滑的水膜，也许可以说明为什么木制滑雪板往往比金属滑雪板更容易滑行。同样是与冰面摩擦产生热量，由于金属制滑雪板导热性能好，热量快速扩散至整个滑雪板，所以这时候冰雪比接触木制滑雪板时更难融化，因此，金属滑雪板相对于木制滑雪板就没有那么容易滑行。

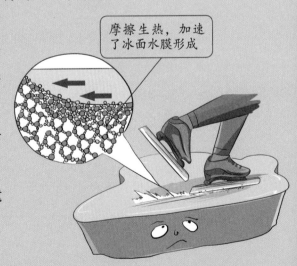

摩擦生热，加速了冰面水膜形成

图书在版编目（CIP）数据

物理太有趣了.生活中的物理 / 郭炎军著. —成都：
天地出版社，2023.5
（这个学科太有趣了）
ISBN 978-7-5455-7593-4

Ⅰ.①物… Ⅱ.①郭… Ⅲ.①物理—少儿读物 Ⅳ.
①O4-49

中国国家版本馆CIP数据核字（2023）第012296号

WULI TAI YOUQU LE · SHENGHUO ZHONG DE WULI

物理太有趣了·生活中的物理

出 品 人	杨　政
作　　者	郭炎军
绘　　者	梁红卫
责任编辑	张秋红　孙若琦
责任校对	杨金原
封面设计	杨　川
内文排版	马宇飞
责任印制	王学锋

出版发行　天地出版社
　　　　　（成都市锦江区三色路238号　邮政编码：610023）
　　　　　（北京市方庄芳群园3区3号　邮政编码：100078）
网　　址　http://www.tiandiph.com
电子邮箱　tianditg@163.com
经　　销　新华文轩出版传媒股份有限公司

印　　刷　三河市嘉科万达彩色印刷有限公司
版　　次　2023年5月第1版
印　　次　2023年5月第1次印刷
开　　本　787mm×1092mm 1/16
印　　张　25（全三册）
字　　数　334千字（全三册）
定　　价　128.00元（全三册）
书　　号　ISBN 978-7-5455-7593-4